# 园林景观设计

石晶晶 冉姌 / 主编

辽宁大学出版社 Liaoning University Press | 沈阳

**图书在版编目（CIP）数据**

园林景观设计/石晶晶，冉婻主编. --沈阳：辽宁大学出版社，2024.12.--ISBN 978-7-5698-1644-0

Ⅰ. TU986.2

中国国家版本馆 CIP 数据核字第 2024BD8526 号

**园林景观设计**

YUANLIN JINGGUAN SHEJI

出 版 者：辽宁大学出版社有限责任公司

（地址：沈阳市皇姑区崇山中路 66 号　　邮政编码：110036）

印 刷 者：河北浩润印刷有限公司

发 行 者：辽宁大学出版社有限责任公司

幅面尺寸：185mm×260mm

印　　张：7.5

字　　数：115 千字

出版时间：2024 年 12 月第 1 版

印刷时间：2024 年 12 月第 1 次印刷

责任编辑：张　蕊

封面设计：徐澄玥

责任校对：张宛初

书　　号：ISBN 978-7-5698-1644-0

定　　价：40.00 元

联系电话：024-86864613

邮购热线：024-86830665

网　　址：http://press.lnu.edu.cn

# 前　言

随着近年来城市化建设的不断发展，人们的生活水平也在不断提升，现代人群更加重视自身的生活质量。园林景观是现代城市建设发展过程中的重要设施，能为人们带来更舒适的环境，这也是现代城市化发展过程中，需要高度重视的一个方面。在实际工作中，我们需要结合现代城市的要求重视其实用性和美观性。现代景观园林对于城市环境的改善、城市面貌的美化起到了关键性的作用，有助于推动现代景观园林的规划建设，并保证设计方案的科学性和可行性，提升景观园林作品的美学效果。在建设过程中，现代城市景观借助环境艺术设计，能有效提升文化内涵，改善城市生态环境，提升城市社会、经济、生态发展的协调性，为城市的可持续发展奠定坚实的基础。

# 目 录

## 第三章　园林景观布局



## 第四章　园林景观设计



## 第五章　各类园林绿地景观设计

第一章

# 绪　论

## 第一节　园林的产生及发展

### 一、园林的产生

#### （一）园林的形成背景

园林是在一定自然条件和人文条件综合作用下形成的优美的景观艺术作品，而自然条件则复杂多样，人文条件更是千奇百态。我们剖开各种独特的现象仅从共性视角来看，园林的形成离不开大自然的造化、社会历史的发展和人们的精神需要三大背景。伟大的自然具有移山填海之力、鬼斧神工之技，既为人类提供了花草树木、鱼虫鸟兽等多姿多彩的造园材料，又为人类创造了山林、河湖、峰峦、深谷、瀑布、热泉等壮丽秀美的景观，具有很高的观赏价值和艺术魅力。这就是所谓的自然美。自然美是不同国家、不同民族的园林艺术共同追求的东西，每个优秀的民族大都经历过自然崇拜、自然模拟与利用、自然超越三个阶段，到达自然超越阶段时，具有本民族特色的园林也就完全形成了。但各民族对自然美或自然造化的认识却存在较显著的差异。西方传统观点认为，自然本身只是一种素材，只有借助艺术家的加工提炼，才能达到美的境界，而离开了艺术家的努力，自然不会成为艺术品，亦不能最大限度地展示其魅力。因此，他们认为整形的灌木、修剪的树木、几何式花坛等经过人工处理的“自然”，与真正的自然本身比较，是美的提炼和升华。

中国传统观点认为，自然本身就是美的化身，构成自然美的各个因子都是美的天使，如花木、虫鱼等是不能加以改变的，否则就破坏了天然、纯朴和野趣。但是，中国人尤其是中国文人观察自然因子或自然风景往往融入个人情怀，借物喻心，把抒写自然美的园林变成挥洒个人感情的园地。因此，中国园林讲究源于自然且高于自然，反映一种对自然美的高度凝练和概括，把人的情愫与自然美有机融合，以达到诗情画意的境界。而英国风景园林的形成也离不开英国人对自然造化的独特欣赏视角。他们认为，大自然的造化美无与伦比，园林越接近自然则越易达到真美境界。因此，他们刻意模仿自然、表现自然、再现自然、回归自然，然后从自然的琅嬛妙境中生发万般情感。可见，不同地域、不同民族的园林以各自不同的方式利用着自然造化。自然造化形成的自然因子和自然物为园林形成提供了得天独厚的条件。



### （二）社会历史的发展

园林的出现是社会财富积累的反映，也是社会文明的标志。它必然与社会历史发展的一定阶段相联系；同时，社会历史的变迁也会引发园林种类的新陈代谢，推动新型园林的诞生。人类社会初期，人类主要以采集、渔猎为生，经常受到寒冷、饥饿、禽兽、疾病的威胁，生产力十分低下，当然不可能建造园林。直到原始农业出现，开始有了村落，附近有种植蔬菜、果园的园圃，有圈养驯化野兽的场所，虽然是以食用和祭祀为目的，但客观上具有观赏的价值，原始的园林也便开始萌芽，如中国的苑囿、古巴比伦的猎苑等。生产力进一步发展以后，财富不断地积累，出现了城市和集镇，又随着建筑技术、植物栽培、动物繁育技术及文化艺术等人文条件的发展，园林经历了由萌芽到形成的漫长的历史演变阶段，在长期发展中逐步形成了各种时代风格、民族风格和地域风格，如古埃及园林、古希腊园林、古巴比伦园林、古波斯园林等。后来，随着社会的动荡、野蛮民族的入侵、文化的变迁、宗教改革、思想解放等社会历史的发展变化，各个民族和地域的园林类型、风格也随之变化。以欧洲园林为例，中世纪之前，曾经流行过古希腊园林、古罗马园林；中世纪1300多年风行哥特式寺院庭院和城堡园林；文艺复兴时期，意大利台地园林盛行；宗教改革之后，法国古典主义园林勃兴；而资产阶级革命的成功加速了英国自然风景式园林的发展。这一事实表明，园林是时代发展的标志，是社会文明的标志，同时随着社会历史的变迁而变迁，随着社会文明进步而发展。

### （三）人们的精神需要

园林的形成也离不开人们的精神追求，这种精神追求来自神话仙境、宗教信仰、文艺浪漫和对现实田园生活的回归等。中外文学艺术中的诗歌、故事、绘画等是人们抒怀的重要方式，它们与神话传说相结合，以广阔的空间和纵深的时代为舞台，使文人的艺术想象力得到淋漓尽致的挥洒。文学艺术创造的“乐园”对现实园林的形成有重要的启迪意义。同时，文学艺术的创作方法无论是对美的追求和人生哲理的揭示，还是对园林设计、艺术装饰和园林意境的深化等，都有极高的参考价值。

古今中外描绘田园风光的诗歌和风景画，都曾经对自然风景园林的勃兴起到积极的作用。园林是人类文明的产物，也是人类依据自然规律、利用自然物质创造的一种人工环境，或曰“人造自然”。如果人们长期生活在城市中，就会越来越与自然环境疏远，从而可能在心理上产生抑郁倾向，必然希望寻求与大自然直接接触的机会，如踏青、散步等，或者以兴造园林作为一种间接补偿方式，以满足人们的精神需要。园林还可以看作人们为摆脱日常烦恼与失落的产物，当现实社会充满矛盾和痛苦，难以使人的精神得到满足时，人们便更倾向沉醉于园林所构成的理想生活环境中。

## 二、城市的发展对景观需求的变化

### （一）城市发展促使景观的服务性功能升级

最初，城市园林景观的发展来源于对绿化基础栽植的需求。例如，城市周边栽植防护林带起到防风固沙、改善城市空气环境、缓解城市热岛效应等作用；栽植行道树，便于行人遮阴纳凉。城市的不断发展和新区的落成，往往会带动城市发展新理念模式的构建，不仅满足了景观最基础的服务需求，而且渐渐由景观的单一化应用模式演变为四季皆为景的城市综合景观，融入人文、功能、季节、颜色等诸多因素打造景观，使景观富有层次感、设计感和人情味，景观小品也融入生活，成为景观亮点。

**1. 以运动为主的城市服务型景观步道的设置**

随着城市品质、形象的提升，大量的城市公园及沿河景观带建成，首先极大地满足了城市市民对生活的基本服务需求，也提升了城市公共景观空间的品质。其次，随着人们生活质量的不断提高和精神文化的日益丰富，对景观功能上的需求也越来越多样，这也是现代景观所面临的另一项改革发展课题。随着城市快节奏的发展，亚健康成为众多城市人所面临的身体状态，越来越多的城市人喜欢在闲暇时间去公园或是在沿河道路上徒步、慢跑、骑行等，释放、缓解工作及生活上的压力。这也就要求公园景观园路不能再只是一条单一的景观步道，既要有行人导向性，又要有景观共享性，要融合景观空间与交通引导、自然生态与文化社交、运动与健身等功能需求。同时，增设骑行车道与慢跑步道，保证多种需求下的绿色安全通行。这也是对景观由静至动的需求改变，并且在人性化的使用层面也发生了改变。现代园林中景观步道的改变也加速了对步道沿线景观观赏要求的提升，以季节、颜色、层次等规范景观搭配的多样化提升，更好地服务于市民休闲游览，使人们从疲劳、消极的情绪中走出来，从而更高效地工作与生活。

**2. 以康养为主的城市周边服务型景观兴起**

人口老龄化伴随大规模的城乡人口流动，给城镇发展带来极大的挑战。未来，中国人口老龄化加速的同时，城镇化也将同步高速发展。城市周边开发打造的康养中心，应努力集合日常照顾、家政服务、康复护理、紧急救援、精神慰藉、休闲娱乐、法律维权等综合性的服务项目，建立智能化、信息化的多元居家养老服务景观体系。构建没有围墙的养老社区和养老院，首先应强调景观环境与设施的重要性，从人性化角度思考景观在老龄化人群中的需求度，如活动中心、游园等，为老年人日常的休憩和停留提供环境支持，以安全、舒适的无障碍绿色通行为前提，尽量缩短步行时间，吸引老年人短距离出行。在城市周边逐渐发展以康养为主的景观综合体，是拉动城市周边多元化经济、城市人口老龄化服务需求的创新发展模块。

### （二）景观规模化带动城市经济的多元化发展

近年来，国家对生态环境、空气质量的改革力度越来越大。改善治理城中河，废弃地变荒为宝，成为城市一项改善民生、提高经济水平、带动城市发展的规模化景观工程。沿河景观的多样化呈现，不同风格定位的园林景观的打造，呈现出人在画中行的城市美丽画卷。一条河、一片湿地、一座景观公园，成为人们聚集、休憩、徒步、采摘、赏游的风景景观带，同时带动周边商业地产、酒店餐饮、医疗便利服务等行业的聚集兴起，加速城市经济的多元化增长。绿色人居、生态人居构成了现代美丽人居。现代景观环境是人口聚集区与周边空间搭配的综合体，包括社会、经济、自然生态、文化的相互融合。

## 第二节　中西方园林的美学观念

### 一、园林美学概述

园林美是园林师对生活（包括自然）的审美意识（思想感情、审美趣味、审美理想等）和优美的园林形式的有机统一，是自然美、艺术美和社会美的高度融合。它是衡量园林作品艺术表现力的主要指标。

园林属于多维空间的艺术范畴，一般有两种提法：一曰三维、时空和联想空间（意境）；二曰线、面、体、时空、动态和心理空间等。它们的实质都说明园林是物质与精神空间的总和。

园林美具有多元性，表现在构成园林的多元素和各元素的不同组合形式之中。园林美也有多样性，主要表现在历史、民族、地域、时代性的多样统一之中。

园林作为一个现实生活境域，营造时必须借助自然山水、树木花草、亭台楼阁、假山叠石，乃至物候天象等造园材料。只有将它们精心设计、巧于安排，才能创造出一个优美的园林景观。因此，园林美首先表现在园林作品可视的外部形象物质实体上，如假山的玲珑剔透、树木的红花绿叶、山水的清秀明洁……这些造园材料及其所组成的园林景观便构成了园林美的第一种形态——自然美实体。

尽管园林艺术的形象是具体且实在的，但园林艺术的美却不局限于可视的形象实体表面，而是借助山水花草等形象实体，运用各种造园手法和技巧，通过合理布置、巧妙安排、灵活运用来表达和传送特定的思想情感，抒写园林意境。园林艺术作品不仅是一片有限的风景，还要有象外之象、景外之景，即“境生于象外”，这种象外之境即为园林意境。重视艺术意境的创造，是中国古典园林美学的最大特点。中国古典园林美主要是艺术意境美，在有限的园林空间里，缩影无限的自然，打造咫尺山林的感觉，产生“小中见大”的效果，拓宽了园林的艺术空间。比如扬州的一个园林，其成功地布置了四季假山，运用不同的素材和技巧，使春、夏、秋、冬四时景色同时呈现，进而延长了园景的呈现时间。这种拓宽艺术时空的造园手法强化了园林美的艺术性。

当然，园林艺术作为一种社会意识形态、上层建筑，自然要受制于社会存在。它作为一个现实的生活境域，亦会反映社会生活的内容，表现园主的思想倾向。例如，法国的凡尔赛宫苑布局规整，是当时法国古典美学潮流的反映，是君主政治至高无上的象征。再如上海某公园的缺角亭，作为一个园林建筑的单体审美，缺角后就失去了其完整的形象，但它有着特殊的社会意义，建此亭时，正值东北三省沦陷，园主故意将东北角去掉，表达了为国分忧的爱国之心。理解了这一点，你就不会认为这个亭子不美，而是会感受到一种更高层次的美的含义，这就是社会美。

可见，园林美应当包括自然美、社会美、艺术美三种形态。

系统论有一个著名论断：整体不等于各部分之和，而是要大于各部分之和。英国著名美学家赫伯特·里德（Herbert Read）曾指出，“在一幅完美的艺术作品中，所有的构成因素都是相互关联的；由这些因素组成的整体，要比其简单的总和更富有价值”。园林美不是各种造园素材单体美的简单拼凑，也不是自然美、社会美和艺术美的简单累加，而是一个综合的美的体系，各种素材的美和各种类型的美相互融合，从而构成一种完整的美的形态。

## 二、园林美的主要内容

如果说自然美是以其形式取胜，园林美则是形式美与内容美的高度统一。它的主要内容有以下十个方面。

### （一）山水地形美

山水地形美包括地形改造、引水造景、地貌利用、土石假山等，它构成园林的骨架和脉络，为园林植物种植、游览建筑设置和视景点的控制创造条件。

### （二）借用天象美

借日月雨雪造景，如观云海霞光，看日出日落，设朝阳洞、夕照亭、月到风来亭、烟雨楼，听雨打芭蕉、泉瀑松涛，造断桥残雪、踏雪寻梅等意境。

### （三）再现生境美

仿效自然，创造人工植物群落和良性循环的生态环境，创造空气清新、温度适中的小气候环境。花草树木永远是生境的主体，也包括多种生物。

### （四）建筑艺术美

风景园林中由于游览景点、服务管理、维护等功能的要求和造景的需要，要求修建一些园林建筑，包括亭台廊榭、殿堂厅轩、围墙栏杆、展室公厕等。建筑既不可多，又不可无，要古为今用、外为中用、简洁巧用，起到画龙点睛之用。建筑艺术往往是民族文化和时代潮流的结晶。

### （五）工程设施美

园林中，游道廊桥、假山水景、电照光影、给水排水、挡土护坡等各项设施必须配套，要注意艺术处理并区别于一般的市政设施。

### （六）文化景观美

风景园林常为宗教圣地或历史古迹所在地。园林中的景名景序、门楹对联、摩崖碑刻、字画雕塑等无不浸透着人类智慧的结晶，打造出了诗情画意的境界。

### （七）色彩音响美

风景园林是一幅五彩缤纷的天然画卷，是一曲袅绕动听的美丽诗篇。蓝天白云，花红叶绿，粉墙灰瓦，雕梁画栋，风声雨声，鸟声琴声，欢声笑语，百籁争鸣。

### （八）造型艺术美

园林中常运用艺术造型来表现某种精神、象征、礼仪、标志、纪念意义，以及某种体形、线条美，如图腾、华表、雕像、鸟兽、标牌、喷泉及各种植物造型艺术小品等。

### （九）旅游生活美

风景园林是一个可游、可憩、可赏、可学、可居、可食、可购的综合活动空间，满意的生活服务、健康的文化娱乐、清洁卫生的环境、交通便利等，都将给人们带来情趣和生活的美感。

### （十）联想意境美

联想和意境是我国造园艺术的特征之一。借助丰富的景物，人们通过联想，体悟触景生情、体会弦外之音之意。意境一词最早出自唐代诗人王昌龄的《诗格》，其言诗有三境：一曰物境，二曰情境，三曰意境。意境就是通过意象的深化而构成心境应和、神形兼备的艺术境界，也就是主客观情景交融的艺术境界。风景园林追求的便应是这样一种境界。

## 三、中国园林的审美观

中国园林审美观的确立大约可追溯到魏晋南北朝时期，特定的历史条件迫使士大夫阶层淡漠政治寄情于山水，并从湖光山色蕴含的自然美中抒发情感。这使造园行为有很大的随机性和偶然性，因为他们所追求的是诗画一样的境界。如果说造园主也十分注重造景的话，那么它的素材、原形、源泉、灵感等就是在大自然中去发现和感受的，越是符合自然天性的东西便越包含丰富的意蕴。纵观布局变化万千，整体和局部之间也没有严格的从属关系，结构松散，以致没有什么规律性。正所谓“造园无成法”，甚至许多景观有意识地藏而不露，“曲径通幽处，禅房花木深”“山重水复疑无路，柳暗花明又一村”，这都是极富诗意的意境。

### （一）中国园林中的自然美

中国园林讲究在园林中再现自然，“出于自然，高于自然”是中国古典园林的一个典型特征。以中国园林中的“叠山”“弄水”为例：园林中的“叠山”是模拟真山的全貌，或截取真山的一角，以较小的幅度营造峰、峦、岭、谷、悬岩、峭壁等形象。从它们堆叠的章法和构图上可以看到对天然山体规律的概括和提炼。园林中的假山都是真实山体的抽象化、典型化；园林中的各种水体也是自然界中河、湖、海、池、溪、涧、泉、瀑等的抽象概括，建造者根据园内地势和水源的具体情况，或大或小、或曲或直、或静或动，用山石点缀岸矶、堆岛筑桥，以营造出一种岸曲水洄、似分还连的意境，在有限的空间里尽量模仿天然水景的全貌。这就是“一勺则江湖万里”的立意。

崇尚自然的思想在中国园林中首先表现为中国人特殊的审美情趣。平和自然的美学原则，虽然是基于人性的尺度，但与崇尚自然的思想也是密不可分的。例如，造园的要旨就是“借景”。“园外有景妙在‘借’，景外有景在于‘时’，花影、树影、云影、风声、鸟语、花香、无形之景、有形之景，交织成曲。”可见，中国传统园林正是巧于斯、妙于斯。明明是人工造山、造水、造园，却又要借自然界的花鸟虫鱼、奇山瘦水制造出“宛若天开，浑如天成”之局面。中国园林虽从形式和风格上看属于自然山水园，但绝非简单地再现或模仿自然，而是在深切领悟自然美的基础上加以萃取、抽象、概括、典型化。这种创造并不违背自然的天性，而是顺应自然且更加深刻地表现自然。中国园林十分崇尚自然美，把它作为判断园林水平的依据。造园者最爱听的评价就是“有若自然”，最担心的评价是人工化、匠气。

### （二）中国园林中的“情”“景”交融之美

中国人在追求自然美的过程中，总喜欢把客观的“景”与主观的“情”联系起来，把自我也摆到自然环境之中，物我交融为一，从而在创造中充分表达自己的思想情感，准确抓住自然美的精华，并加以再现。此乃姜夔所言：“固知景无情不发，情无景不生。”将人的情感融汇于自然并强调人在自然环境中的地位，此所谓天与人合而为一。这种天人合一的传统文化理念对中国园林影响深远。这种崇尚自然的思想潮流对园林艺术的发展起到了积极的推动作用，许多文人墨客以寄情山水为高雅，把诗情画意融入园林之中。对于建在郊外的规模较大的园林则注重保留天然的“真意”和“野趣”，“随山依水”地建造园林。对于位于城市中的规模较小的园林则注重用集中、提炼、概括的手法来塑造大自然的美景，使其源于自然且高于自然。“情融于景，景融于情”反映了中国人在造园中的传统哲学思想和审美追求。中国人崇尚自然，造园之时以情入景、以景寓情，观赏之时则触景生情，把自己看作自然环境的一部分。因此，中国园林就是把自然的美与人工的美高度结合起来的环境空间产物。辛弃疾的“我见青山多妩媚，料青山见我应如是”正是体现了情景交融、天人合一的意境。

### （三）中国园林中的意境美

意境是中国艺术创作的最高追求，是中国古典美学经久不衰的命题。作为中国古典文化的一部分，园林也把意境的创造作为最高追求。中国园林追求诗的意蕴、画的意境，处处体现一种诗情画意。园林中的意境能引发人们的深思、联想，把物境与心境糅合在一起，情景交融，物我共化。中国古典园林以写意的手法再现人们对自然山水的感受，游人置身于园林中，产生触景生情、寓情于景、情景交融的心理活动。另外，意境也是有时节性的，最佳状态的呈现往往是短暂的，但又是不朽的，即《园冶》中所谓“一鉴能为，千秋不朽”。比如杭州的“平湖秋月”“断桥残雪”和扬州的“四桥烟雨”等，只有在特定的季节、时间和特定的气候条件下，才能充分发挥其最佳感染力。这些主题意境最佳状态的呈现，虽然时间短暂，但令人难以忘怀。

#### 1. 从物境到意境

借助形式美感的营造直接以物境塑造意境。山自无言水自无语，然而山水无情人有情，中国文化历来精于托物言志，如用蓬莱、瀛州、方丈三山表达对神仙的向往，北海、颐和园、西湖都在湖中置岛模拟仙山；用松、梅、竹来赞美文人的品行高洁。而古典园林中对孤赏置石的品鉴和运用，堪称用物境的形式美营造意境美的典范。园林的名题，如匾额、楹联等也是从物境到意境的重要表达手段。

#### 2. 从意境到意境

预先设定园林的意境，通过对物境形式美的营造达成意境的展现。文人雅士们为表达自己大隐于市却依然意在朝廷的志愿，常常筑园结庐，广结同类，以造声势。比如沧浪亭、拙政园都是因意筑景、以景引意、意得于境的代表。古典园林还擅长巧妙地运用缩影来完成从意境到意境的表达。

## 四、西方园林的美学观

### （一）西方园林的形成

西方园林，追根穷源可以上溯到古埃及和古希腊。最初大都出于农事耕作的需要，为丈量耕地而发展了几何学。在其发展中，从农业种植、灌溉发展到古希腊整理自然使其秩序化，都是人对于自然的强制性约束。西方园林经过古罗马、文艺复兴到 17 世纪下半叶形成的法国古典园林艺术风格，一直强调人与自然的抗争。“天人相胜”的观念、理性的追求已体现在西方园林之中。一块长方形的平地被灌溉水渠画成方格，果树、蔬菜、花卉、药草等整齐地种在这些格子形的畦里，通过整理形成有序的和谐。这是世界上最早的规则式园林。

在西方，人们认为艺术美源于数的协调，只要调整好数量比例，就能产生美的效果。艺术中重要的是：结构要像数学一样清晰和明确，要合乎逻辑。用数字来计算美，力图从中找出最美的线型和比例，并且企图用数学公式表现出来。在这种“唯理”美学思想的影响下，西方造园遵循形式美的法则，呈现出一种几何制的关系，诸如轴线对称、均衡及确定的几何状，如直线、正方形、圆、三角形等的广泛应用，传达一种秩序和控制的意识。西方园林主干分明，功能空间明确，树木有规律栽植、整齐修剪，给人以秩序井然、清晰明确的印象。

## （二）西方园林的美学观念

### 1. 西方园林中的形式美

西方美学从形成的那一天起，就受到唯心主义美学观的影响。柏拉图、黑格尔认为，自然事物的美源于理念或神。而克罗曼则认为，自然美源于人的心灵。他们都忽视、否定自然美。法国造园家格园莫声称：“园林是人工的，是一个构图，我们的目标不是费尽心机去模拟自然景致的偶然性，对我们来说，问题是要把自然风格化。”他说：“大自然是无意无识的，它不会把很美的景象给我们留着。”唯心主义的造园美学观夸大地将一切自然美都归结为现象的美，使西方园林仅为建筑领域的扩大和延伸，并服从建筑学构图法则。因此，黑格尔得出了园林是不完备的艺术的结论。

西方人认为，造园要达到完美的境地，必须凭借某种理念去提升自然美，从而达到艺术美的高度，也就是一种形式美。因此，西方造园家刻意追求几何图案美，园林中必然呈现出一种几何制的关系。尽管组合变化多种多样、千变万化，但仍有规律可循。西方造园既然刻意追求形式美，就不可能违反形式美的法则，因而园内的各组成要素都不能脱离整体，而必须以某种确定的形状和大小镶嵌在某个确定的部位，于是便显现出一种符合规律的必然性。

### 2. 西方园林中的清晰明确、井然有序之美

西方园林主次分明，重点突出，各部分关系明确，边界和空间范围一目了然，空间序列段落分明，给人以秩序井然和清晰明确的印象。遵循形式美的法则会显示出一种规律性和必然性，而但凡规律性的东西都会给人以清晰的秩序感。另外，西方人擅长运用逻辑思维，习惯用分析的方法来揭示事物的本质，这种社会意识形态大大影响了他们的审美习惯和观念。

### 3. 西方园林中的人工美

西方美学著作中虽也提到自然美，但他们认为自然美本身是有缺陷的，不经过人工的改造便达不到完美的境地，即自然美本身并不具备独立的审美意义。任何自然界的事物都是自在的，因而便见不到理想美的特征。因此，自然美必然存在缺陷，不可能升华为艺术美。而园林是人工创造的，理应按照人的意志加以改造，进而尽善尽美。从现象看，西方造园主要是立足于用人工方法改变其自然状态。西方园林造园材质从砖石到植物大都经过人力加

工，突出人对自然的改造，用规整的阵列和几何形状作为基本的造园布局，加上地广人稀的生存模式，使得西式园林整体上在中轴对称控制下呈现出开阔的视野与恢宏的气势。

西式园林在注重外在几何秩序的形式美感的同时，更注重园林的功能性，故而很早就有了功能明确的剧场、廊架、泳池等户外娱乐游憩场所，充分体现了一切人类活动都为人服务的理念。

第二章

# 园林设计

## 第一节 园林设计概述

### 一、园林设计概念

#### （一）园林设计的定义

园林设计是研究运用艺术与技术方法处理自然、建筑和人类活动间的复杂关系，以达成自然和谐、生态良好、景色如画之境界的一门学科。具体来讲，园林设计就是在一定的地域范围内，运用园林艺术和工程技术手段，通过改造地形（或进一步筑山、叠石、理水）、种植树木花草、营造建筑和布置园路等途径创作而建成的美的自然环境、游憩境域的过程。它包括文学、艺术、生物、生态、工程、建筑等诸多领域，同时要求综合各学科的知识统一于园林艺术之中。园林设计的最终目的是要创造出景色如画、环境舒适、健康文明的游憩境域。一方面，园林是反映社会意识形态的空间艺术，园林要满足人们精神文明的需要；另一方面，园林又是社会的物质福利事业，是现实生活的实景，所以还要满足人们休息、娱乐的需要。

## （二）设计理念

园林设计与中国传统文化关系密切，体现了传统文化中天人合一的精神内涵，表达了人与自然和谐相处的意蕴。以苏州园林为代表，园林设计讲究多种技巧，而整体理念始终一贯，即人与环境的和谐。

## （三）园林设计的依据与原则

### 1. 科学依据

任何园林设计都要依据有关的科学原理和技术要求。比如在建造园林前，设计者必须详细了解公园所在地的水文、地质、地貌、土壤状况，这些科学依据既可为园林的地形改造、水体设计等提供物质基础，又可避免在建造中产生漏水、塌陷等工程事故。同时，在种植各种花草、树木时，也要根据植物的生长要求、生物学特征，以及不同植物的喜阳、耐阴、耐旱、怕涝等生态习性进行配植。因此，园林设计的首要问题是要有坚实的科学依据。

### 2. 社会需要

园林属于上层建筑范畴，要反映社会的意识形态，为广大人民群众的精神与物质文明建设服务。因此，园林设计要体察广大人民群众的心态，了解他们在公园开展活动的要求，满足不同年龄、不同兴趣爱好、不同文化层次游人的需要。

### 3. 功能要求

园林设计要根据广大群众的审美要求、活动规律、功能要求等方面的内容，创造出景色优美、环境卫生、情趣健康、舒适方便的园林空间。因此，园林空间应当富于诗情画意，令人流连忘返。“适用、经济、美观”是园林设计必须遵循的原则。园林有较强的综合性，所以要做到适用、经济、美观三者之间的辩证统一，三者之间相互依存、不可分割。

首先，园林设计要考虑“适用”的问题，所谓“适用”，一层意思是“因地制宜”，具有一定的科学性；另一层意思是园林的功能适合服务对象。即使在建造帝王宫苑颐和园与圆明园时，也考虑了因地制宜。比如颐和园原先的瓮山和瓮湖已具备大山、大水的骨架，经过地形整理，仿照杭州西湖，建成了以万寿山、昆明湖为山水骨架，佛香阁为全园构图中心，主景突出的自然山水园。其次，考虑的是“经济”问题。实际上，正确的选址本身就减少了大量投资，也解决了部分的经济问题。经济问题的实质就是如何做到“事半功倍”，尽量在投资少的情况下办好事。最后，在“适用”“经济”的前提下，要尽可能地做到“美观”，即满足园林布局、造景的艺术要求。在某些特定条件下，美观要求可能处于最重要的地位。总之，在园林设计过程中，“适用、经济、美观”三者之间不是孤立的，而是紧密联系不可分割的整体。

### 4. 园林设计八忌

忌追求高档、豪华，远离自然，违背自然。

忌盲目模仿，照搬照抄，缺乏个性。

忌缺乏人文关怀，不顾人的需要。

忌只注重视觉上的宏伟、气派、高贵的形式美，而不顾工程的投资及日后的管理成本。

忌忽视与当地环境的和谐统一，破坏整体的生态环境。

忌对园林植物随意配置。

忌只注重一种植物，忽视园林植物配置的多样性。

忌只注明园林植物的种类，不明确具体的品种和规格。



## 二、园林设计方法与问题

### （一）园林设计方法

### 1. 轴线法

一般轴线法的设计特点是轴线由两条相互垂直的直线组成控制全园布局构图的“十字架”，然后两条主轴线再派生出若干条次要的轴线，或相互垂直，或呈放射状分布，一般左右对称，图案性十分强。轴线法设计的规则式园林最适用于大型的帝王宫苑、纪念性园林、广场园林等，如中国故宫内的御花园、印度泰姬陵等园林设计精品。北京紫禁城的御花园位于紫禁城中轴线的尽端，设计者将它的中轴线和故宫的轴线重合，建筑布局按照宫苑模式，主次分明、左右对称，园路布置亦是纵横规整的几何式，山、池、花木在规则和对称的前提下有所变化，其总体设计于严整中又富于变化，彰显了皇家园林的气派，又具有浓郁的园林气氛。

### 2. 山水法

以中国古典园林为代表的自然山水园可说是山水法设计的典范。山水法的园林设计特点，就是把自然景色和人工造园艺术，包括园林五大要素的改造巧妙地结合，达到“虽由人作，宛自天开”的效果。山水法园林设计“巧于因借”“精在合宜”。一是借景可分园内借和园外借；二是凡人视线所及，必须做到均能成景。比如颐和园西边的玉泉山、玉泉塔，远看好像在园内，为颐和园的组成部分，可实际距离相隔约 1 千米。再如承德避暑山庄附近的磬锤峰，便是观赏日落的借景。这些借景均起到为园林增辉添彩的作用。

### 3. 综合法

综合法是介于绝对轴线法、对称法和自然山水法之间的园林设计方法。东西方文化交流，相互取长补短，使园林设计方法更加灵活多样，逐渐形成中国现代自然山水园的风格。

## （二）园林设计中存在的一些问题

### 1. 设计者过度追求利益，忽略了园林设计的长远性、实际性

从最初的植物栽植到稳定的植物群落组成，园林设计其实是一个动态的过程，要求设计者在进行设计时，一定要综合考虑当地的地形、地貌、周边环境及当地的历史文化特色等，切忌盲目设计、闭门造车。然而，当前有些设计者缺乏基本的职业素质，不以业主的要求为出发点，不考虑当地的经济和环境条件，一味追求奢侈豪华，植物配置必有古木大树和大草坪、理水必有喷泉、铺装必有大理石等，这样的布局尽管在初期可以给人整齐、壮观的震撼效果，但因缺乏生命力，无法彰显自己的个性特色，时间一长，各种问题就暴露出来。

### 2. 设计理念出现偏差，过度追求猎奇的世俗化、潮流化

近年来，欧洲园林风格、日本园林风格开始席卷中国园林设计领域。大家经常可以看到，一个小小的园林绿地却容纳了以水、常绿植物、柱廊为基本要素的欧洲园林要素和以山水庭为特色的日本园林要素。诚然，欧洲园林和日本园林都有各自的风格和精华之处，但是不分场地大小，不契合当地的文化历史背景，一味猎奇，过分堆砌，反倒将潮流化变为世俗化。

### 3. 园林植物随意配置，忽略了配置的多样性

植物是有生命的个体，园林植物为园林设计注入血液。植物本身的生命美、色彩美、姿态美、风韵美、人格化及多样性的特征，极大地增加了设计的艺术性和层次感。园林景观效果和艺术水平在很大程度上取决于园林植物的配置和选择。园林植物运用得当，对于园林设计无异于锦上添花；运用不当，则画蛇添足。结合我们身边的实际案例，不难发现，有部分设计在植物的配置方面不够专业，出现了以下问题：忽略对植物具体品种和规格的要求；或注重平面绿化，或注重立体绿化，忽略两者的结合；忽略彩叶树种和常绿树种的配置。

### 4. 园林设计缺乏人文关怀，忽视了人的需求和多样化的审美情趣

园林景观是人化的自然，园林其实是一种被动艺术，随时接受游人的观瞻、评说。那些硬质铺装的大广场，空间足够宽敞，但是缺乏一些功能性设计，如供休憩的座椅、可以遮阴的树木等，使得该设计大而不实，游离于人的需求之外。还有一些园林小品的设计，缺乏与人们的沟通，或过于抽象，人们难于理解其表达的深意；或设计的内容和形式深度不够、缺乏创新，与当地文化、历史不统一，造成人们心理上的割裂感。以人为本成了商业炒作的噱头或被当作一句宣传的口号。

### 5. 园林设计过于注重改造自然，忽略了对生态环境的保护

在中国人的意识中，“天人合一”为最高境界，人本自然是园林设计的精髓。园林设计中的筑山、叠石、理水、营造建筑和布置园路，难免会对自然环境和生态环境进行一定的改造和破坏，但是过于追求大手笔大动作，开山劈石、挖河注水，或是用乔木、灌木、草木、地被大肆配置复层结构模式提高绿化量，标榜所谓的“生态园林”，所有这些都出于控制自然的理念，违背了师从自然、改造自然、归于自然的原则，势必功亏一篑。

## （三）对园林设计的几点反思

### 1. 设计者应提高自身素养，以认真负责的态度、平和的心态来对待设计

设计者既要继承中国传统园林的文化精髓，又要学习国外园林的精华，理解角色定位，坚守心灵净土，摒弃市场化、利益化、浮夸化、形式化，恪守职业情操，紧跟时代步伐，一切以自然、生态、人的需求为设计的出发

点，以期设计出令人们满意的作品。

### 2. 园林设计应坚持因地制宜、经济适用的原则

欧洲园林以规则和对称为特征，中国园林则以自然、淳朴为特色。园林设计中的因地制宜原则就是根据当地的自然地貌，因山势、就水形，达到景自境出，并结合当地的文化历史背景确立主题。与颐和园毗邻的圆明园，之前的地貌是自然喷泉遍布，河流纵横。圆明园根据原地形和分期建设的情况，建成平面构图上以福海为中心的集锦式的自然山水园。只有因地制宜，才能创造出各具特色的园林佳作。

### 3. 园林设计应遵循科学依据

园林设计关系到科学技术的方面很多，有水利、土方工程技术方面的，有建筑科学技术方面的，有园林植物、动物方面的生物科学问题，各个方面都有严格的规范要求。种植花草树木要根据植物的生长要求、生物学特性，根据不同植物的喜阳、耐阴、耐旱、怕涝等不同的生态习性，根据植物的花期、色相、姿态等进行合理配置。

### 4. 园林设计应正确定位，以人为本，体现对普通人的关怀

园林设计的最终目的就是要创造出和谐完美、生态良好、景色如画的游憩境域，既满足人们精神文明的需要，又满足人们良好休息、娱乐的物质文明需要。因此，园林设计应体察广大人民群众的心态，了解他们的审美需求、活动规律、功能要求，正确定位，以人为本，面向大众，创造出满足不同文化层次、不同年龄阶段、不同爱好的游人需要的作品，确保形式服从功能，功能体现人情味。

### 5. 园林设计应遵循与当地环境和谐统一的原则，保护生态环境

设计者既不能跳出当地环境，孤立地进行设计，也不能违背立地条件，大刀阔斧地改造自然。以生态学原理与实践为依据，将是园林设计发展的趋势。只有应用生态平衡原则创建的生态系统才可能稳定，绿地系统与自然地形地貌才能协调，群落结构才能稳定。

## （四）植物配置

不论是何种工程类型，在利用植物进行园林设计时，必须明确各自的设计目的，然后根据需要和实际条件合理选取和组织所需植物。园林设计在取

舍植物时要考虑以下几个要点：

**1. 初步设计要考虑不同规格植物的科学搭配**

首先要确立大中规格乔木的位置，因为植物的配置特别是大中规格乔木的配置将会对园林设计的整体结构和景观效果产生最大影响。较矮小的植物只是在较大植物所构成的结构中发挥更具人格化的细腻装饰作用。

**2. 园林设计布局要着眼于植物品种的合理组合**

选用落叶植物时，首先考虑其所具有的可变因素，使其通过植物品种的合理搭配产生独特的效果。选用针叶常绿植物时，必须坚持“适地适树、因地制宜”的原则，在不同的地方群植以免过于分散。在一个园林设计布局中，落叶植物和针叶常绿植物的使用应保持一定比例和平衡关系，后者所占的比例应小于前者，也可将两种植物有效组合，使之在视觉上相互补充。

**3. 园林设计布局要考虑植物的色彩因素及叶丛类型**

叶丛类型可以影响一个园林设计的季节交替关系及其可观赏性和协调性。在园林设计中，植物配置的色彩组合与其他观赏性相协调，可起到突出植物的尺度和形态的作用。处理设计所需要的色彩，应以中间绿色为主、其他色调为辅。而在一年四季的植物色彩配置方面，要多考虑夏季和冬季的植物色彩，因为这两个季节在一年中的时间较长。假如在布局中以夏季为基调，那么绚丽的花色能为布局增添活力和兴奋度，同时也能吸引观赏者注意设计的某一重点景致。

**4. 园林设计要考虑植物质地条件**

在一个理想的园林设计中，粗壮型、中粗型及细小型三种不同类型的植物应按比例大小均衡搭配使用。质地条件不满足，园林设计也会显得杂乱无章。

**5. 园林设计布局要合理选择植物的种类或确定其名称**

在选取和布置乔灌木、花草、竹类等植物时，应有一种普通种类的植物，并以其数量优势占主导地位，从而确保园林设计布局的统一性。

# 第二节 园林设计与现代构成

## 一、现代设计

现代设计是为现代人和现代社会提供服务的一种积极的思维活动，是科学与艺术、实用与装饰的结合，是一门涉及众多学科的实用型科学。它的核心内容包括三个方面，即计划、构思、成形，现代设计受现代社会审美标准、现代市场经济技术条件和现代人的心理生理需求等诸因素的制约。具体来说，现代设计具有实用性、经济性和美观性。实用性体现在现代设计要求设计师在合理的前提下，尽可能地满足人们的多元化需求，注重秩序和表现形式上的简洁和实用。而经济性表现在现代设计要求低消耗，设计要考虑到为大众服务的目的，同时为设计的实现提供有力保障。美观性源于对人们的精神和心理需求的尊重，“人文主义和高科技的渗透、融合是美观性原则的内在表征”。

现代设计不仅强调产品的美观性，同时对于实用性的要求也高于历史上的任何时期。由于现代技术的发展与传达方式比从前更为便捷快速，设计及传达后的实施或具体应用的周期大大缩短了。这是现代设计不同于以往传统设计的重要原因。同时，又因为现代设计的服务对象是全体大众，带有很强的普适性，所以在形象上趋于朴实简单，没有传统的装饰性细节，更强调理性和功能主义的特点。这些都是现代设计的特点。

现代设计不等同于工程技术，后者的关键是协调物与物之间的关系，而前者在于协调人、物与环境之间的关系，以人为本。以园林设计为例，如何解决我们生活环境中的各种问题，消除具体场所中的矛盾就是设计的目标。现代设计又不简单地等同于美术，后者是为了表达艺术家本人的情感和理念，前者是为他人、为市场、为社会服务。根据不同的市场活动，现代设计可以分为现代产品设计、现代平面设计、广告设计、服装设计、纺织品设计等，当然还包括现代建筑设计，建筑设计又包括现代室内和环境设计。如果把园林设计纳入广义的建筑大系中，那么理应有园林设计的内容。人们对于所处国家、城市的环境的最直观看法，就源自园林设计。

## 二、现代构成

### （一）现代构成的形式法则

现代构成的形式法则可以从形式法则和形式美原则两个方面进行分析论述。形式法则是现代构成的基础，而形式美原则是人们进行形式组合的基本原则和审美标准。经过多年的设计实践，人们逐渐总结出了现代构成中的形式法则，它能帮助人们对形式进行基本的把握，把事物的基本情感语言用抽象的形式准确地表达出来。

#### 1. 集群化

集群化是基本形体重复构成的一种特殊形式，也可以看成超基本形。它不能以中心点、中心线为基准向四周连续发展扩散，具有较强的独立性，可以以符号、标志的形式出现，适宜远观。对于基本形要求相似或相近，并具有方向上的共性，集群化之后形象上应该基本保持一致，应避免过尖、过细和零碎，要能够让人们感受到整体性和力量感的基本特征。

#### 2. 渐变

渐变也称渐移，类似基本形循序渐进地变化，呈现一种有阶段性的调和秩序，是有规律的变化。渐变可以有形状的渐变、大小的渐变、方向的渐变、位置的渐变、色彩的渐变等，既可以单独使用，也可以混合使用。渐变的形式是有开始和终结的，这种重复的渐变或有比例的重复渐变，便形成了节奏感，能够引人入胜，引导人的思绪逐渐进入设计的意图之中。

#### 3. 重复

单独的形式如果连续出现两次以上，就构成了最简单的重复。重复源于人们对大自然的观察，如人类的身体、树叶、花瓣等，但是每一个单体都会有一些轻微的差异，应该说大自然中并没有纯粹的重复形象。重复包括单纯的重复、近似重复和连续重复三大类，三者也是相互关联的。单纯的重复也就是基本形反复排列出现，形成形象的连续性、再现性和统一性，体现了一种平静的单体重复，如路灯、行道树等。近似重复的目的是在重复的主题下增添趣味性，使重复出现的形象更为突出，首先是形象上的近似，然后是大小、色彩、排列和肌理的相同，局部出现不同，但相同的内容和形体占主体，差异的只占少数。连续重复是一种特殊形式，连续是没有开始、没有终结、没有边缘的一种严格的秩序形式，可以分成二方上下或左右连续和四方上下或左右连续。

4. 对比与统一

对比与统一是相对而言的，二者是相互依存、互为前提的，缺一不可。将两个不同的因素并置在一起时，它们带给人不同的视觉感受，即为对比。将两个相同的因素并置在一起时，它们给人的感觉是形成一个整体的，就是统一。在设计中，平衡的感觉非常重要。那么，如何将对比和统一这两种形式组织好，使其成为具有趣味的信息表达呢？从达到的方法来说，可以有方向上的对比和统一、大小的对比和统一、位置的对比和统一、明暗的对比和统一。在设计中，应用的原则就是依据不同的对象，来确定对比与统一的因素、形式和量化关系。

5. 发散与密集

发散与密集是自然界中最为常见的一种现象，许多动物、植物都有发散的结构因素，如树叶、羽毛等。发散和密集都是多个基本形围绕着一个中心点的过程，好像光源发射的光芒向外放射所呈现的视觉形象，但是发散和密集的基本形不可以太大，数量也不能够太少。发散是有规律的密集，而密集区是不规律的发散，只是在基本形的选择上是明确且相似的。离心的发射能够吸引人们的眼球，能给人一种强烈的震撼力，产生炫目、光芒般的视觉效果；而移心式的陀螺旋状痕迹具有强烈的运动感，能够形成曲面的效果；向心式具有视觉的绝对集中感；多心式有明显的空间感的特征。

6. 变异

形象的变异构成是满足人们夸张、滑稽的审美心理需求的形式，如让人发笑的哈哈镜，镜像通过自然形象的变异、扭曲，吸引观众的目光，进而产生愉悦的情绪，在不知不觉之中接受设计思路。变异构成是指形象的变化虽与原型相比产生了较大的差异，但并不改变形象的基本面貌。变异的方法如切割法，即为了设计的部分需要，常将形象做必要的切割处理，经过各种方法重新拼贴后得到新的形象。形象的切割方式有纵向式、横向式、弧线式、斜线式等。设计者还可以使用格变法，即在原有形象上按照一定的方式打格，在设计图纸所画出的新格式上，按照原有格位的布局移至变形部位，形成新的变异形象。

## （二）构成的基本组成

### 1. 点

点依附于线、面而存在，但是点本身就能够产生非常多的变化，其大小和形状会给人们带来截然不同的视觉感受。点是一切物体在视觉上呈现的最小的状态，应该说点是没有面积的，任何相对较小的形态，无论形状如何都具有点的特征和属性。点是高度抽象、简洁的，在设计构成中应用广泛，形式丰富灵活。点具有以下特性：

（1）“点”的相对性

任何点都是相对而言的。当面积比和体量比悬殊的时候，相对小的形态和体量才裁夺成为点。一辆载货卡车停在我们身边时，它是一个巨大的体块，但是如果我们从飞机上俯瞰城市，它却仅是人海中的一个点。

（2）“点”的定位性

点的形态特征造成其对图形和形态在视觉感受上的集中和向心的势态，因而它具有定位性。点在画面中具有收缩性，它不仅是周围的边缘物的“向心力”指向，而且能够从较大的形态中分离出来，吸引人的目光，引发更多的关注，从而对视觉产生特殊的定位效果。而边缘不规则的形态，由于其面积和体量较小易引发视觉忽略，从而使物体看起来更趋向于圆形，面积越小，越像圆点。

（3）“点”的点缀性

点对平面和环境都能起到点缀的效果，很多复杂的设计和装饰都是从最基本的点开始的，这是最原始也是最现代的做法。点可以放置在不同的位置、不同的层次上，辅以虚实组合、色彩的变化，可以极大地丰富作品。

### 2. 线

线由点的连续移动和终结组成。所谓线条美是指线条所围合空间的大小、比例等。克利曾经说过，“一幅画是一条线在散步”。这句话也反映了线的自由和个性。线是一种形式，是由面转折而来的，决定面的轮廓，所以线所具有的视觉性质是很重要的。

（1）垂直线

垂直线有直截了当、干脆明快、坚实稳重、刚劲挺拔之感。垂直向上蕴含积极进取、健康向上的意义，象征光明、未来和希望；垂直向下则有更加牢固之感。

（2）水平线

水平线有宽阔、平稳、延展之感，能使人联想到地平线、大地，可以引喻平实、牢固、安静等感受。向右延伸的水平线，具有自然舒畅的流势，表现平稳连续的时空；向左延伸则与视觉自然流线相反。

（3）抖线

斜线具有飞跃的方向感和运动感，它的应用会使空间更具艺术性、向上感，不至于太严肃；折线易引发不安、焦虑感，但连续出现的折线则会有波浪线一样的递进感，可以引导视线自然过渡。

（4）几何曲线

曲线是直线运动方向改变所形成的轨迹，因而它的动感和力度都比直线要强，表现力和情感也更加丰富。圆形和圆弧具有圆满、高贵和张力感。“S”形线具有优雅、回旋感及柔韧感。在园林中，多样重复的“S”形线还传达植物生长和蔓延的感觉；波浪线是重复的折线柔化后的形式，他们都能表现延伸和波动之感，具有方向感和很强的动感，当波浪线重复并且错位排列时，在视觉上还会让人产生连体的错觉以及流动的错觉；漩涡形富有向心和弹力感，通常用于引导视觉中心。

（5）自由曲线

自由曲线有活泼、轻快、随意、软弱的感觉，极富表现力和张力，是跟自然界联系最为密切的一种线形，能与各种几何形体进行搭配。

（6）线的粗细

除了线的形状，它的粗细也直接影响设计的情感表达。粗线显得强劲、笨拙且有力，较男性化；细线显得秀气、柔弱且锐利，较女性化。线的粗细本身就能够打造空间感，同时利用线条方向的微妙变化和改变，还能呈现出复杂的凹凸感和三维的空间感觉。

（7）线的闭合与开放

闭合的线给人工整、完整、冷淡的感觉；开放的线给人活泼、亲和的感觉。闭合和开放的结合能够很好地丰富整体效果，呈现出生动有趣的表达。

3. 面

面是点和线的运动轨迹或者集合，是承载物质的基底。面在现代构成中包含两个概念，一个是作为容纳其他造型要素的二维空间的面，一个是作为理性视觉要素的面。也就是说，一个是承托的载体，一个是有边界形态的、有相对面积的一块视觉要素。这样就决定了面有视觉要素和视觉平面两种含义上的构成。作为视觉要素的面，其形态最大，它的大小、位置、形状、虚实、层次在整个构成效果中是最直接和重要的，作为承托其他要素的面，比点、线更具有图形和形态的象征性和替代感，更具有对其他要素的包容性和整合性。在园林设计中作为视觉要素和承托的载体，也同时具备了这两者的设计条件。

（1）量感

在构成中，“面”相对“点”“线”的视觉效果较明显，因而有更大的量感。放大比例的“点”和缩小长宽比的“线”会接近面的特性，当达到一定强度时，会成为抽象的面。面的量感通过面积的大小、明度对比、虚实对比、空间层次等关系构成。

（2）可辨识性面

依据外轮廓具有了可辨性，我们称之为形或形象。面按照轮廓线的变化大体可分为直线形的面、几何曲线形的面、自由曲线形的面和偶然形的面。在园林设计中，不同形象的面产生不同的艺术效果，应用于不同的空间，其主要取决于边缘线的性格。当几何形的轮廓线闭合，几何形内的面又被填充时，面的量感较足。例如，圆形或者正方形的面被完整地填充，这个形就有坚实、庄严、稳定、充实的感觉。一般来讲，单纯的直线要比复杂的，以及有空洞或凹陷的直线更有体量感和充实感。当形的轮廓线闭合，直线形内是中空的，这种形态“线”的感觉要比“面”的感觉强烈。当轮廓线逐渐变粗，中空的面积逐渐变小，这个直线形的“面”的感觉也在逐渐增强；当轮廓线不闭合或者没有明确的轮廓线时，面的感觉也会变弱。这种情况一般是用线或点的集合排列形成一定的面积，借助点与点之间或者线与线之间相互的吸引力形成面的感觉。

（3）面的立体感

这里说的是二维面上的视觉立体感，而非真实的三维空间或者实体。在二维中，立体感是通过人视觉的错觉实现的。在平面中，有透视感的斜面和有明暗对比的面是最能有效表现立体感的形式，而有立体感的形式相对单纯的面，更能给人的视觉以冲击力。传统的绘画和表现空间的效果图就是利用了透视，在二维上传达三维的立体感。

4. 色彩

在人类的发展过程中，色彩始终散发着独特的魅力。色彩构成具有非常重要的美学研究价值，是现代构成的重要组成部分。色彩是节奏表达的重要方面，色彩的组合可以表达出丰富的情感。在现代设计中，色彩的存在同样跨越了视域，散发出更多生活气息。纵观设计史的发展，色彩的理论随时都在更新，它没有一个固定的概念，任何约定俗成都可以在特定的环境下被打破。色彩基本上可以分为三类基色、间色和第三色系。就有色光而言，有红、黄、蓝三种基色。当它们成对结合时产生间色，所有的间色混合在一起时就成了白色。彩虹色谱是白色光通过七棱镜折射分离而产生的，是所有颜色排列的基础。色彩有许多属性，一部分是生理上的感受，一部分是人心理上的。红色至黄色范围内的颜色被称作前进性颜色，因为它们十分突出；而蓝色至绿色范围内的颜色更多用于表示退却。色彩构成的加入可以说为设计注入最有特点的成分。色彩构成有以下两种主要方式：

（1）空间混合

纺织品中的彩色织布，近看和远看的色彩肯定不一样。近看能分辨出经纬交织的彩色纱线的交织点，远看却只能看到色彩混合的色调，这就是空间混合作用的结果。空间混合是指各种颜色的反射光快速地先后刺激或同时刺激人眼，空间混合也可以称作并列混合、色彩的并置，其明度是被混合色的平均明度。空间混合的作品近看色彩丰富，远看色调一致，色彩有动感，适用于表现光的感觉。

（2）色彩推移

色彩推移构成是一种有规律、有联系、有秩序的运动构成。在进行色彩推移构成的时候，一个色阶连着一个色阶，每一个色阶都含有上一个色阶的内容成分，有节奏的变化使画面充满联系，从而形成美好的新秩序。按照色彩的不同组成和特性，色彩推移又可以具体分为明度推移、色相推移、纯度推移和冷暖推移四种。

## 三、现代构成在园林设计中的应用

### （一）园林设计与现代构成关系

现代构成作为一种造型美学法则，不仅可以运用于绘画、雕塑等纯粹的装饰性学科中，而且也可以作用于园林设计中平面的布局、形体的塑造和空间的组合上，它为园林设计尤其是现代园林设计注入理性的力量。现代构成理论在园林设计中实现的原因有二：园林设计既属于视觉艺术的一种，也属于现代设计的一部分；园林设计的视觉心理与现代构成的视觉心理的共同之处在于两者都是在研究“看”。

#### 1. 园林设计是视觉艺术的一种

人类通过视觉感知世界，艺术的本质就是作为情感符号并通过形态语言来表达。一系列视觉心理趋向的研究表明，类似抽象、概括等手法为现代构成理论提供了心理学的前提。心理学家研究视觉艺术，揭示人们的感觉来源，并告诉大家什么样的符号因素可以带来什么样的感情变化，视觉艺术正是通过人类情感符号的表达来创造艺术世界的艺术，他们的语言是形态语言。园林设计可以纳入视觉设计的研究范畴，园林设计也是美与和谐的艺术，它们在这一点上是共通的，那么作为同样起源于视觉艺术的现代构成，它同时对园林设计具有意义。

#### 2. 园林设计是现代设计的一部分

从现代设计的范畴可知，园林设计同建筑设计一样是属于现代设计范畴的。它不仅存在于当下的现代社会中，为人们服务，而且其创作手法与审美标准都符合时代气息。虽然园林同建筑一样，有着悠久的发展历史和辉煌的成就，但是时代又赋予了他们新的内涵和形式，在技术标准和理性的设计原则的前提下，艺术性也成为人们关注的焦点。园林设计毫无疑问是现代设计的一部分，有许多关于艺术认知和创作的理论能够通用并使用于园林设计中，但是作为实用性很强的艺术设计，它也有自身的特点，园林设计的功能性和每个场地的独特性是其区别于许多其他种类设计的关键。园林除了给人带来平面和空间上即二维和三维的不同感受之外，还有一个必不可少的因子，那就是——植物。植物在四季中会呈现出不同的景象，随着时间的推移，植物的生长会给设计本身注入生机和活力，带来无限的意趣。这就是园林设计的又一特性——时空的构成设计。

### 3. 园林设计与现代构成的视觉心理

园林设计的视觉心理与现代构成的视觉心理都是在研究“看”，这种“看”有一定的规律性和选择性，是对所观察事物的一种概括和提炼，并且注入观者的经验和主观目的，是有目的的“看”，这种“看”的规律具有普遍的意义。二者兼具简单化、平衡性的特点。具体来说，“简单化”是指人对看到的事物有简单化的倾向。也就是说，我们的认知系统对有规则的、简单的、完整的以及平衡的事物图示有偏好，同时对于复杂的形体也喜欢将其分解成简单的形体来理解，而对于零碎的形体则喜欢将其联系整合起来观察。这种心理倾向也是人们对艺术形态抽象化的心理基础。“平衡”是指力的均衡，在人们观察事物的时候，有一些结构尤其是在平面图形中会在视觉心理上给我们传达一种心理的“力”。在复杂的图形中，只有各种力达到平衡，画面才会变得稳定且完整。我们可以在设计中借助这些图形和结构关系来触发不同的心理感受，以表达设计意向。

### 4. 现代构成是园林设计的一种方法

纵观人类历史的发展，无论东方还是西方，最初的园林都是从模仿或改造大自然开始的。东方的秀美山川成为人们创造的精神源泉，而西方传统园林最远可以追溯到古埃及的园林，在那里自然风光并不多，气候炎热、土地瘠薄，因而取而代之的是经过人工改造的第二自然。其实在早期的西方园林中我们已经能够看到矩形的场地和水池，还有明显的中轴线，可以说早已有了简单的架构影子。虽说东方传统园林中多是自然式的风景园林，并没有形成系统性的类构成的理论，但精辟的见解、闪光的思想并不缺乏。

随着社会的发展、全球化进程的加剧，东西方文化在不断地碰撞和交融，尤其是伴随工业时代的到来和现代设计的兴起，在包豪斯学院里完善成一体的现代构成已经成为众多园林设计师的设计方法。现代构成教给人们的是一种态度，一种对设计的态度，那便是对于自然的提炼。

## （二）现代构成在园林设计中的适用性

现代园林在设计理念和形式语言上都明显区别于传统园林，这得益于对现代设计语汇的吸收和融合。现代构成是对现代艺术影响深远的一门艺术学科，它对现代园林设计的影响也是极为明显的。构成艺术已经全面融入现代园林设计之中，成为现代园林形式的重要特征之一。

### 1. 现代园林设计运动的形成与发展

现代园林设计运动的发展历经了许多的思想革命，如工艺美术运动、新艺术运动、抽象艺术的兴起、俄国先锋派运动、荷兰“风格派”运动等。这些运动的兴起无不反映出人们对更好生活方式的向往和追求，同时这些运动不断推出新的理论和实践的方法，促成了现代园林朝更好的方向发展。在这一过程中，现代构成逐步成形，它适用于所有的设计领域，当然也包括园林设计。而无数前辈艺术家在园林领域的探索也促成了包括现代构成在内的许多现代设计理念的进一步完善。

### 2. 现代构成在园林设计中的具体应用

构成艺术的基本要素就是点、线、面、体、色彩、肌理等。构成的原理就是把这些基本要素按照形式美规律进行创造性组合。构成艺术在园林设计中的应用就是要把点、线、面、体等概念性的要素物化，置换成具体的园林设计要素，如地形、植物、山石、水体等。这些要素除了承载基本的生态属性外，还承载着形式上的审美、象征、隐喻等功能。在现代园林设计中，有的园林从整体到局部都贯穿着构成艺术，有的园林在总体布局上虽是传统的，但为了适应现代人的审美趣味，在局部园林的创造上也大量使用构成的语汇进行深入且细致的改进。由建筑师伯纳德·屈米主持设计的巴黎拉·维莱特公园，就是深受构成艺术的影响，推崇以纯粹的形式构思为基础的现代公园设计。公园整体结构由点、线、面三个要素系统相互叠加而成，极具现代风格，完全突破了传统园林的模式，从而能够从众多的竞争方案中脱颖而出。构成艺术强调理性且严谨的几何结构，这种特征在构图上则通过逻辑性的秩序骨骼重复、渐变、发射等体现出来。园林设计是一门注重平面与立体形态知觉的艺术。构成艺术的表现形式在空间方面可分为平面构成和立体构成，在形态要素方面可分为色彩构成、肌理构成、光的构成等。这些丰富的构成艺术形式在园林设计中相互穿插、融合，为营造丰富多样的美的园林形式提供了多种可能。总之，构成艺术从思想和实践上都为现代园林设计提供了丰富的源泉和借鉴，也为探寻具有现代美的园林形式明晰了方向和多种可能性。

第三章

# 园林景观布局

## 第一节 园林景观空间布局

### 一、景观空间概述

人们关注的空间无非是以现代几何学为基础的空间三维设计，空间设计注重两个方面，即空间和节点设计。长、宽、高的重要意义在于表达空间边界限度，是一般设计中最重要的空间形态。伴随研究深度和考虑因素的增多，空间设计中不只是空间尺度不同、设计功能不同、运用生产要素不同、营造的方法不同，更多的是在塑造场所精神，人是空间的主要感受者，设计应提高以人为代表的心里的感受度。对于景观来说，光影是一种实用且出彩的元素，光作为空间的一个元素存在，如合理地加以利用会达到事半功倍的效果。空间中，光可以是一种量的存在，比如说光有方向、强度、色度等，作用是揭示空间的长、宽、高的维度。光与影并不是以一对矛盾出现的，而是一个相对并列的条件，相互影响、相互制约。这些变量的光影可以影响人对空间的感知。园林艺术的美正是运用自然要素来创造生态优美的环境。而环境正是由空间来呈现的，其重点内容就是对空间的设计，人的视觉是空间设计中的视线。空间关系的组织源于光影和视觉，适用于空间规划和分类。

## 二、特征

景观空间必须强调围合的大小和形态，处理的方法通常借助尺度和比例。围合的这个形态必须由量来确定其关系。美感的表现也需要光影作为尺度来丈量，形成空间领域。景观空间中构建的标准围就是高低起伏的地形、地势，以及建筑物的边界线，高低不同的乔灌草本等植物也是实体空间的组成部分。通过探讨科学的倍数关系，用数学比例的理性方式处理空间的大小、边界，那么空间存在便更具形象化。园林光影存在于同一环境下，空间是人活动的一个大背景，认识光与影的明暗空间有助于理解人的行为属性和领域内涵。

现代景观设计是在城市规划大空间下的小空间设计，旨在在场地规模有限的围合空间中创造出更大的围合感。通常阳光直接照射的园林区域被我们理解成亮空间，照不到的部分便自然成了暗空间，公共部分的半光影状态便形成了灰空间。灰空间很难区分，没有真正的划分和限定，只是从人的主观感受出发，人为地划分，是心理上的空间区域。空间的大小与光影的强度、方向和被照物具有明显的联系。比如，在太阳高度较低的情况下，光照强度较强，由投影产生的暗空间也就越大。在景观设计中掌握不同空间中由光产生的光影是营造景观虚空间的良好手段。

虚空间不是固定不变的，如一棵大树随着一天时间延续而变化形成不同的空间形态，设计者掌握其造型手段就可以营造有趣和实用的空间关系，形成构成感丰富的光影变化，惟妙惟肖地界定外部空间。虚空间可以很好地延展空间形状，如廊的阴影可以使得室内和室外融为一体。

日本建筑师芦原义信在他的《外部空间设计》中提出，空间基本上是由一个物体同感觉它的人之间产生的相互关系所形成的。这说明空间的形成必须具备三个条件，即一是要存在具形实体，二是存在观察具形实体的人，三是具形实体必须为人所感知。“作为外部空间的景观空间是人对外部自然空间的划分，使人能够很好地感知外部空间。准确完整地规划外部空间，创造出别具一格的空间特征，塑造的外部空间考虑不同物体之间的关系，并加入观察和感受的人，进而形成人与自然的和谐。光影的特征主要通过光线的强弱、虚实来表现，越明亮的空间越容易映射到人的大脑中，而光线变得微弱，空间变得模糊不清时，人就很难感知到空间的边界，使得空间尺度难以捉摸，既感觉空间变小了，又感觉空间变大了，心理上会产生一种不安定感。光影空间中还有反射或镜像。光影不仅可以分割空间，而且能统一空间，在不改变各个要素属性的情况下，设计者可利用光影将风格空间的景观原件景墙通过其他植物或构筑物的阴影统一到环境中。

## 第二节　园林景观布局设计

### 一、园林景观建设对城市发展的重要性

#### （一）自然生态性

自然生态性包含空间意志性和多样化的协调性。空间意志所指的是外部空间的特点与整体结构之间的关联，调节内部格局。能够有效提升园林景观与外部环境的适应性。多样性所指的是不同区域在进行园林景观的施工与养护时所选择的类别。自然生态性则需要根据环境的变化调整种植。进入新的社会时期后，人们越来越重视人与自然的交流，人与自然在相处中更多地开始追求一种更为原始的自然美感，这也直接导致自然生态性受现代民众的高度重视。所以在选择植物时，需要全面了解其生长习性，尤其是在北方和南方，以及热带地区和温带地区，需要结合气候特征进行选择，以保障自然生态的特性。

#### （二）艺术性和美学性

从美学性的角度来看，分析主要是针对施工与养护的构图、造型及色彩选择的多个要素进行综合分析，主要内容包括植株、树形、花叶色彩等。建设不但需要分析观赏性，并且结合自然建设的需求，评价构图造型的重点，而且还需要注意季节性变化，在不同季节同一种景观所展现的也有极大的差

异，可以结合季节的变化选择，从整体的美学角度出发，审视构图和造型，以凸显园林建设的美感。

### （三）绿色环保性

优化城市园林景观工程节能设备的建设，需要尽可能遵循绿色环保原则，将现代社会环境中的绿色能源应用于园林节能设备的安装与使用中，如可应用太阳能等能源，降低能源损耗，提升绿色能源的利用率。遵循绿色环保原则不仅能提升能源的利用率，还能实现不同产业的可持续发展。景观工程产业，可以根据人们对光照的需求开展景观工程节能施工与养护，尽可能在满足人们光照需求的同时降低能耗。无论是何种景观控制设备，在进行施工与养护时都需要按照相应的规章制度进行，并且使整个景观控制设备符合相应的标准需求，以便符合现代园林环境的使用标准。比如，在进行园林施工与养护时，部分园林施工与养护单位会设置一定的灯光使其更美观，但在低碳环保的理念中，需要尽可能减少这种施工方式，或者对相应的电路及灯光进行进一步的优化，降低能源的损耗量，在现代的园林施工与养护中应用绿色能源。

## 二、园林规划设计遵循的原则

园林规划的相关建设原则对于城市化建设中绿化建设的内容具有重要的借鉴意义，城市化建设要注重园林规划对城市整体环境质量的作用，促进园林规划不断创新，将城市化与自然系统相融合，实现城市的可持续发展。

### （一）以人为本的规划原则

以人为本的建设原则是城市园林规划需要遵循的首要原则。城市化建设的最终目标是实现人们生活质量、生活水平的提升，以人为本的建设原则也是城市化建设需要遵循的根本原则，只有规划内容符合人们对于环境的要求，为人们的日常生活、工作带来便利，才能实现城市建设的快速发展、彰显本质意义。因此，进行相关建设规划，要注重将城市绿化的内容与人们的生活相结合，设计方案要符合人们的认知和环境接受能力，符合人们日常生活的特点和模式，使得服务群体能够对城市绿化建设有一定的要求和了解，从而提升园林设计对于城市化建设中人性化要求的契合度。只有园林规划符合以人为本的规划要求，才能真正实现园林规划对于城市化建设的发展以及人们生活质量和生活总体水平提升的作用，体现园林规划的环境效益和社会效益。

### （二）环境适宜性的规划原则

城市化建设中的园林规划不同于一般景区或者景点的园林建设。城市化中的绿化建设要与城市主要的发展类型和建筑规模相符合，借助园林规划的辅助作用，实现城市的全面综合发展。这就要求城市园林规划要保证绿化建设符合因地制宜的要求。例如，在适当的规划区域配备合适的绿化建设设施，在人们进行日常娱乐生活以及家居生活的地方打造一些绿化公园，了解当地人的生活情况，对当地城市化建设的规模、地形等进行合理的分析，使绿化建设能够体现出最大的环境适宜性。另外，设计师在进行规划时，还要注意气候的适宜性，设计科学的规划方案，将合适的园林植被应用到适宜的地区，达到自然与社会的融合。只有园林规划符合因地制宜的要求，才能使园林植物以及相关建设资源被充分利用，降低建设规划成本和减少资源浪费，实现园林规划对于经济发展及环境保护的作用。

### （三）创新发展的规划原则

随着城市化建设水平的提升，大众对于城市化建设中的质量要求以及规划要求也越来越高，不同的城市具有不同的发展速度和发展水平，这就使得在进行园林规划建设时要保证园林规划的创新性，通过借鉴以往的园林规划经验，将传统的园林规划模式加以合理的创新。例如，区别于以往大面积利用绿色植物进行园林规划的形式，引入一些具有城市特色的植被元素，将同一植被类型设计成不同的形状等。另外，目前城市化建设中还存在将硬性的消防车道进行隐形的设置，将消防车道与城市绿化道路相融合，不但提升了城市化建设的土地利用率，还可以通过两者的有效结合，实现城市环境美观。在不影响消防利用的同时，增强了美观性，是目前城市化建设中园林规划创新性的新实践。园林规划的创新性是城市化建设中绿化建设的源泉和动力，只有不断创新园林规划的应用方式和内容，不断革新传统的规划方法，建立符合现代化发展的新的园林规划模式，展现现代化城市发展的新面貌，才能实现城市化建设以及现代化水平的可持续发展。

## 三、城市规划中园林规划设计的运用

### （一）城市公园规划的适宜性

城市公园的主要作用是通过与城市化建设商业性的融合，展现一个城市建设的全面性和系统性，在促进城市工业化发展的同时，不断加强城市的环境保护。城市公园的设置要体现城市的适宜性，可以在合适的区域建设不同类型的公园，如在居民区可以建设规模较大的城市公园作为人们日常生活娱乐和锻炼的区域；在繁华的商业区可以建设规模较小的绿化休憩场所，使人们在繁忙的工作之余享受到环境带来的美好体验。

### （二）科学利用绿化资源

园林规划要注重对自然资源的保护，要使每一种自然资源都能够被有效利用、发挥真正的效用，应充分考虑城市区域的环境、地形、天气等自然因素，将合适的植被科学地应用到不同的区域。例如，可以在一些常年温度较高的地区，栽种一些枝叶较大、较繁茂的植被；在偏远的西北地区，则要注意植被防风防沙的效果。

### （三）园林规划要符合个性化建设的原则

不同的城市建设有不同的类型和不同的发展规模，城市建设的种类也自然各异，有主要针对文化建设的文化底蕴较为丰富的城市，也有商业建设比较发达的商业化城市。对于不同类型的城市，要体现园林规划的个性化原则。另外，具体到城市的不同发展地区，也要因地制宜地进行园林规划，使得城市景观能够融入不同的城市环境中，形成良性的发展模式，从整体上提升城市的环境建设水平。

第四章

# 园林景观设计

## 第一节 园林景观设计基本理论

### 一、园林景观设计原理

#### （一）园林景观设计理念

只有遵循一定的设计理念，园林景观的结构才会全面化、系统化和规范化。景观园林设计要遵循的设计理念主要包括以下几点：

##### 1. 以人为本

园林景观最主要的功能就是供人欣赏和休息。因此，设计师在进行设计时，要充分考虑人的感受，坚持以人为本。园林景观中可以设计一些休憩的场所和娱乐设施，如凉亭、广场和长形座椅等。在园林景观中种植各类花草，供人们在休息时欣赏，将美观和功能性充分结合，使园林景观符合绿色生态的要求，满足人们的休闲需要。根据当地的气候特点和人文风情进行园林规划设计，实现人与自然的和谐相处。

2. 因地制宜

园林景观设计，要注意场地的选择和周边的环境。将地形因素和环境因素融入设计理念中，是现代风景园林设计的基本原则。风景园林设计师在进行设计时，要根据实际的情况，加入创新的理念，用专业的眼光和专业的技术手段对园林景观进行合理的规划，根据风景园林的特有属性发掘风景园林的价值和潜力，将风景园林设计成符合生态环境发展和人们要求的结构形式，使风景园林可以发挥其本来的作用。

3. 注重空间

园林景观的构成分为两个部分，一部分是由一些景观要素构成的实体，另一部分是由实体构成的空间。风景园林的实体是可见的，也是最受人们关注的。而由实体构成的空间则是一种感觉性的存在，并没有什么实体存在，所以往往会被人们忽视。就目前园林景观的设计而言，设计师们很注重对园林中基础设施的设计，如凉亭、长形座椅和走廊等。将这些具有实体的实物进行完美的规划和设计，但忽略了这些实物在规划时所产生的空间感，如果布局不合理，那么整个园林设计也将失去美感，其自身的价值也得不到挖掘。因此，要充分重视园林景观设计中的空间结构和景观格局，合理规划园林景观的布局，从人们的审美和需求角度出发，对园林的整体格局进行规划和统筹，使其能够契合人们的审美观，发挥出园林景观的真正价值。

（1）深度挖掘和真诚展现

园林景观设计，要对各个园林景观中的组成要素进行详细的分析和研究，制定出合理的设计方案，以保证园林的设计能够顺利应用。而且设计的方法可以采取简约的形式，这样既可以减少成本，又可以很好地抓住重点进行规划，以最小的改变换来最大的成就。设计手法也可以采取简约的形式，运用少量的基础设施和景观要素进行设计，这样更能突出园林景观的主要特征。园林景观的设计要达到符合自然的目标，因而要充分地考虑设计方案，顺应当地的人文特点和自然特点进行合理的园林景观设计，使其能够顺应自然，保持原有的自然特色。

（2）注重生态景观理念

设计景观时也要对土地和空间进行设计，在设计过程中考虑自然的各种属性并对资源进行合理的利用。园林景观的建设不能通过破坏生态环境来创造人工环境，而应该尊重原来的生态环境，以保护生态植物生物、保持自然资源为前提进行改造。生态化的景观理念强调资源的合理利用、能源的节约和环保，能够真正实现人们生活环境的改善和城市环境的美化。因此，节约、环保等理念成为园林景观生态理念的重要思想。

园林景观设计的生态理念包括以下几个方面内容：

首先，保护不可再生的资源。对于比较独特的元素，如湿地等应该加强保护而不是毁坏。

其次，提高资源的利用率。园林景观设计要尽量少使用自然资源和以采用多品种的自然林地来代替草坪使用，这样就可以大大地降低资源的消耗并节约资源。

最后，对于废弃的物品可以循环利用。一些废弃的场地经过设计后可以成为休闲的场地。在很多发达国家，改造废弃的场地供人们观光已经十分普遍。园林景观的设计要促进人类和自然的和谐发展、完善城市的功能，并促进社会经济的可持续发展。园林景观在进行整体设计时，既要符合自然的规律也要维护生态环境从长远规划的角度进行设计。在土地、水电和植物等资源的利用上，要强化节约环保的理念，科学合理地运用。人们居住的环境既要美观也要绿色无污染，园林景观正是为满足这些要求而生的，其体现的可持续发展理念要求园林景观设计遵守绿色环保的原则。

### （二）园林景观设计中的低碳理念

生态低碳型园林设计，主要体现在园林绿化景观设计、园林水体景观设计、园林景观施工和维护、园林景观材料的优化选择等方面。实现三大和谐，即人与自然的和谐、人与社会的和谐、历史与未来的和谐。其中，人与自然的和谐是重中之重。

园林绿化景观设计，应增大绿化面积，丰富绿化植物品种，使其层次多样化，提高植被的固碳效率，总体上营造良好的园林绿化景观。

#### 1. 常见的措施

选择固碳释氧能力良好的植物。已有研究表明，垂柳、木芙蓉和醉鱼草等植物的固碳释氧能力较强。除此之外，碧桃、夹竹桃、金钟花、金叶女贞、广玉兰等的固碳释氧能力也很强。园林绿化景观设计应落实低碳理念，优先选择固碳释氧能力良好的植物。

注意植物固碳能力的优势互补，提高植物群落的整体固碳能力，打造科学合理的低碳绿化景观。

### 2. 具体表现

常绿灌木与落叶乔木的合理搭配。试验研究表明，不同植物类型单位土地面积上固碳释氧能力表现如下：常绿灌木 > 落叶乔木 > 常绿乔木 > 落叶灌木。对于园林景观中的植物群落，增大常绿灌木与落叶乔木的比率，合理搭配使用，不仅可以完善冬季景观，还可以提升绿地景观的固碳释氧能力。

高龄树种和低龄树种的合理搭配。一般而言，低龄树种的固碳能力优于高龄树种的固碳能力。但是，就单株树木的碳贮量而言，古树远高于常规树种，而古树碳贮量有限，对固定大气中二氧化碳的贡献较小。将低龄树木与高龄树木搭配种植，不仅可以营造低碳园林，还可以保护自然资源，体现历史文化价值。

慢生植物和速生植物的合理搭配。研究表明，慢生树种的固碳能力明显低于速生树种的固碳能力，但有些速生植物固碳能力很强，而释碳能力也很强。综合考虑，应选择固碳能力强、生长周期长的植物。将速生植物与慢生植物合理搭配种植，既能收获较高的固碳效益，又能形成长久良好的植物景观与生态效益。

乡土植物和常规园林植物的合理搭配。乡土植物是最能够适应当地生境条件的物种，并且个别乡土树种固碳率高，将乡土植物和常规园林植物合理搭配，不仅提高了整个植物群落的生态稳定性和适应性，而且对于发展本土园林植物资源有显著的价值。

## （三）园林水体景观设计中的低碳理念

水体设计也是低碳景观设计的一个重要部分。比如，对于景观设计的高差部分，通常设计溪流从山上往小区门口流，雨水集中在溪流里，溪流两旁种植水生植物，起蓄水作用。这样的设计能形成一个小型生态圈。在该生态圈内，植物种植密度高，二氧化碳的吸收量大。雨水资源得到净化和循环应用。这就是一个简单的低碳生态的水体景观设计。水体设计中融入低碳理念，不仅要考虑其景观效果，还需要注重其生态性、创造性和亲和性。首先，要考虑就地取材，因地制宜。依靠地形、自然水源进行水体景观地址的选择，不仅合理利用了资源，而且降低了设计、建造的成本。其次，对于辅助设计效果的追求，要合理控制成本，减少水的消耗和能源的损耗。最后，合理种植水体植物。水体植物不仅具有自净功能，能减少污染，还能增强景观效果。另外，从低碳角度看水体设计，将设计和房地产概念结合在一起来看，某些水景还有“一箭双雕”的效果，没有水的时候作为一块活动空间，有水的时候形成景观。

### （四）园林景观施工和维护的低碳理念

园林景观从前期施工到后期的维护，都必须考虑低碳理念的融入。一个成功的景观设计需要具备高水平的施工质量和长久的景观效果。在施工过程中，节约资源、保护环境是我们应该秉承的原则。尽可能地减少使用机械化操作，减少二氧化碳的排放量，尽可能减少对自然资源完整性的破坏。进行良好的后期维护，尽可能使景观效果保持良好。施肥、病虫害防治、修剪、灌溉等后期维护活动是一个持续的过程。在园林景观设计中，选用粗放型管理的植物种类，丰富植物多样性，这些都是可取的。

### （五）园林景观材料的优化选择

随着新型环保低碳材料的研发与应用，高能耗、高污染的传统材料逐步被淘汰，我们应尽可能多使用低能耗、低污染、低排放，使用寿命长，且不产生有害物质，可循环利用的新型材料，如木材料的应用。同时，木结构的大量使用，可以促使森林资源的可持续发展，更好地固定碳的排放。上海世博会中的万科馆就是一个合理利用环保材料的典型景观建筑。这座建筑以天然麦秸秆作为主要建筑材料，不仅实现了废弃物的循环利用，而且唤起人们欣赏、尊重和顺应自然的意识，探求与自然的和谐相处之道。此外，应尽可能地利用一切可以利用的资源。比如园区内的废弃材料，既可以用来塑造景观地形，也可以作为原材料进一步循环利用。其中，比较有名的是日本十胜川千禧森林园。该园林的设计巧妙地运用了减法原则，充分利用了当地的景观材料，并对其进行循环再利用。

## 二、园林在城市景观规划中的作用

随着人类社会的不断进步，居住环境日益城市化。城市是人们集中生活和工作的环境。城市景观规划设计便是改造自然，创造集中的人居环境的做法。随着人类对居住环境要求的不断提高，城市化的进程就必然包含人工重建城市自然生态环境，使城市人群更贴近自然而生活。如何才能将与自然分离的城市通过人为的手段有机地融入大自然中，成为城市规划的重大课题，而这一课题的实施有赖于园林规划设计的再创造。

在城市中营造园林，将自然景观融入人造环境中，使之成为一个自由、合理、平衡的新的生活空间，这种自然回归也一直在有力地抗衡着城市与自然彼此疏离的倾向。因此，园林已不仅仅是供人们休憩、娱乐、观赏的场所，而必须同时考虑到城市居民的生活需求及对社会功能的满足和实现。园林在为人类的活动环境创造美景的同时，还必须回馈城市居民以舒适、便利和健康。这一设计理念的提出，使园林规划设计被置于一个前所未有的深度和广度。将园林设计运用到景观规划中，有利于创造良好的城市生态环境。

# 第二节 园林景观的表现手法

## 一、园林景观的文化内涵

### （一）民族文化

我国是一个统一的多民族国家，不同民族的文化有着很大差异。因此，进行园林景观建设，需要充分尊重民族文化特色。不同的民族文化对园林景观设计手法也起到积极的作用，进而各种各样的民族文化特色景观应运而生。

### （二）名人文化

名人，指一些为当地的社会发展、民族理论形成、观念意识形态变化、精神文化弘扬等作出巨大贡献，而在当地或社会产生深远影响的人。而名人文化正是这些人所作出的社会贡献所形成的一种综合文化。在我国，各地都具有不同的名人文化，这些名人文化也是构成我国文化体系的一个重要组成部分。园林景观设计充分展现当地的名人文化，不但具有较好的教育宣传意义，更是对文化历史的一种传承，是良好文化传播的一种重要手段。

### （三）地域文化

地域文化是带有鲜明地域特征的文化，即在长期的地理、政治、历史及风俗习惯等自然和社会条件下形成的具有当地特色的文化。在园林景观设计中，地域文化是首先需要考虑的一个主要因素。这是因为当地的园林景观建设必须要体现当地的人文特色，这样才能更加凸显本地与其他地区的与众不同。若在一个城市的园林景观建设中一味地抄袭照搬其他地区或是国家的园林景观，不但会使本地文化流失，也难以呈现鲜明的城市景观特色，甚至会流于俗套，极大地拉低城市的整体形象。在我国的园林景观建设发展中，对于地域文化的体现一直备受园林设计师的重视，即在设计园林景观时，尽可能地结合自然景观，将具有本地或本民族特色的人文景观与之巧妙融合在一起，打造天人合一的生态园林景观。可以说，在园林景观设计中，地域文化是其根本所在，只有以地域文化为艺术设计的基础，才能在构建良好自然景观的同时，赋予景观一定的文化内涵，使其更具观赏价值。

### （四）中西文化

我国独具东方特色的园林景观设计与西方多样性发展的园林景观设计是分属于不同体系的园林艺术，设计手法和景观特色都有着明显的差异。在全球一体化的发展潮流下，中西文化交流日趋频繁，我国在进行园林景观设计时也会适当借鉴西方园林景观艺术设计手法，将中西方文化完美融合在一起，形成一种后现代园林景观设计手法，既体现出中国传统的居住景观特点，又能满足现代人的生活习惯。

## 二、园林景观的表现手法

任何的园林景观都是有一定的主题和意义的，而园林中的表现手法，也是达到某种文化的具体表现。下面，我们主要从外在表现与内在形式两个方面来谈一下具体的表现手法。

### （一）外在表现手法

外在的表现手法也是最简单、最基础的表现手法，主要通过文字、园林的设计等来呈现园林的气氛，在表达上更加直接、具体。这种表现手法常用在纪念碑、雕塑和纪念性的广场上，它最大的特点就是具有严格的规则性和对称性。因此，这种手法能够非常容易地打造出一种肃穆庄严的气氛。

### （二）内在表现手法

与外在的表现手法不同的是，内在的表现手法更加注重场景意境的设计，使之能够让人触景生情，给人一定的启示。含蓄、深刻也是该种表现手法的特点。意境之美不但是我国园林设计最主要的特色，也被认为是景观园林设计的灵魂与核心。

内在表现手法具体又可分为内在意境表现手法和内在结构表现手法。

#### 1. 内在意境表现手法

内在意境的表现手法和方式有很多，总结起来主要包括如下几个方面：首先，在意境的表现手法上一定要确保能够给人强烈的视觉冲击，创造出优美的意境。这在主题公园的设计中尤为重要，有时为了突出主题，设计者们常常把最能够体现民族文化内涵的核心景点设计在最引人注目的位置，如雕塑、喷泉和花园等，很容易给人带来强烈的视觉冲击，使人们能够产生强烈的心灵震撼，从而能够更好地领悟我国的民族文化。其次，通过诗文、碑刻等来渲染意境。在我国古代的园林设计中，诗文、碑刻和匾额等都是常用来渲染意境的表现手法。比如在上海大观园中，就可以看到很多古代名人的诗文和碑刻。这不但是对我国古典文化的一种良好的传承，同时对激发人们的爱国情怀也是有一定的促进的。最后，对自然资源进行合理的利用和开发。从古代园林景观的设计中我们就可以发现，自然资源如瀑布、小溪等都被人们恰当地利用到具体的园林景观设计中，充分地利用大自然的鬼斧神工，使得园林景观的设计更加富有韵味和意境。

### 2. 内在结构表现手法

除了内在意境表现手法之外，内在结构表现手法也是园林设计内在表现手法的一种。与内在意境表现手法相比，内在结构表现手法通常比较注重园林景观内在结构之间的联系，即在进行园林景观设计时，将其内在所有的组成部分完美衔接融合在一起，使其自然地完成两个景观之间的过渡，而不会出现突兀的情况。这种内在结构的表现手法也正是我国传统园林景观设计的艺术精髓。比如，借助一个长廊或一个小桥，将两个不同特色的景观连接起来，在给人一种别有洞天的感觉的同时，又不至于使观赏者觉得过于突兀，从而达到较好的景观设计效果。

# 第五章

# 各类园林绿地景观设计

## 第一节 小尺度城市空间景观设计

### 一、小尺度城市空间景观概念

小尺度空间指的是建筑外部空间中的小空间，是室外环境中的小环境，如宅前绿地、建筑的附属空间、庭院、公园绿地中的小空间、小的休息区、建筑的小广场等。小尺度空间的使用人数有限，功能也相对单一，空间环境的目的性比较明确，也可以说是相对意义上的小空间。比如一两棵树、树下的草地、草地上的休息椅等，既给人们提供了休息的地方也给人们提供了欣赏的景致，这就是小尺度空间。不要求意义多深刻、范围多大，只是为了满足几人的简单行为而形成的小空间，树木、草地、铺地、小品等都可以形成小尺度空间。小尺度空间是人们在生活中经常接触到的小空间，它们是按照人们的日常活动路线分布的，人们经常忽视这类小的空间，但是它们又实实在在地影响着人们的生活。小尺度空间对人们的心理、生理及视觉上都产生着积极的影响，并对人们的社会性交往起着积极的促动作用。因此，小尺度空间的范围比较小，构成也比较简单，但是与人们的行为最为临近。

## 二、小尺度城市空间景观的功能

在小尺度城市空间景观中，由于人们对于小尺度景观的要求不同，小尺度景观的构成要素及空间特征、空间组织存在着很大的差异。小尺度景观要同时具备物质功能、精神功能、审美功能，也分别代表了人们对于小尺度景观的物质需求、精神需求、审美需求。在小尺度景观中这三种功能同时存在，但是由于人们的要求不同、环境不同、景观设置各异，这三种功能又分别有所侧重。

### （一）物质需求

以物质需求为主的小尺度城市空间景观主要是指为了满足人们日常的户外活动所必须的空间，空间的实用性是最基本的要求。在城市中，这类小尺度空间很多，分布也很广泛，在我们生活、工作和娱乐休闲场所的周围随处可见，如居住区内的各级绿地、单位的附属绿地等，能为各个年龄段的人们提供日常的运动、娱乐、休闲、交友的空间。这类空间具有一定的目的性，都属于物质需求的小尺度城市空间。

#### 1. 空间主体

以物质需求为主的空间，空间主体是人，空间环境要素处于从属地位，一定是以服务于人们的生产生活为最基本的要求。在小尺度空间景观设计中，空间构成要素的组织及空间形态的把握都是为了满足人们的需求而设置的。

#### 2. 空间要素的设计

小尺度城市空间景观的构成要素是以服务于人们的行为为目的的，是为了给人们提供可坐、可立、可靠、可观、可行的空间。人们在小空间内可以感受到为其精心设计的空间，如供休息的座椅，可行走的道路、台阶、坡道等。以物质需求为主要目的的小空间完全服从于人的尺度，人们的生活尺度是小尺度空间景观的比例、高低、大小、起伏等设计的基本标准。

#### 3. 空间组织

以物质需求为主要目的的小尺度空间景观主要是通过功能要求展开的，以满足人们日常生活活动中对于它的需求，空间大小、空间主要内容、空间的距离都是随着整体空间环境内容而定的。在小尺度空间内部，由于空间是为了人们生活、社会交往等内容服务的，所以空间内部是多向性的，空间形态也会随着人们的需求而移动变化，人们会根据自身的需求随意组织重构空间，而构成空间的空间要素就起到围合限定的作用。

### （二）精神需求

以精神需求为主的小尺度空间主要是借助空间渲染或烘托某种气氛，来表达某种特定的意义而产生的。小尺度空间虽然以物质要素为基本构成，但是反映的是精神需求的内涵，能给人精神上带来某种启迪和寄托，以纪念性或者标志性为主的小尺度空间就属于这类。例如，具有历史纪念意义的广场、学校的纪念雕塑，也有为某一环境或者某一区域设置的标志性空间。而这类小尺度空间都有其特点。

#### 1. 空间主体

这类小尺度城市空间景观的主体是具有一定纪念意义以及反映精神内涵的空间景观。人们在这类小空间中完全处于从属地位，空间的组织形态也是完全取决于空间景观所创造出来的特定气氛和意义的。因精神需求而设置的这类空间不是一个实用的空间，而是一个精神空间，人们在空间中是被动的、消极的，人们完全被空间传达出来的精神气氛包围，在空间中短暂停留、注目以体味空间的精神意义。

#### 2. 空间主题鲜明

这样的小尺度空间景观必须具备某一主题，并且这一主题是人们所熟悉的积极向上的历史人物或事件，在这种特定的环境中，人们会受到环境的影响而产生某种积极向上的感受。主要景观也可抽象地表达某种思想，如名为“徒劳等待石”的石雕像，臀部完全是写实的，胴体却是斧剁刀砍的巨石状，这种虚与实、粗与细的对比极富幽默感，更能引起人们的无限遐想。这类小环境主题景观一般有几种：纪念某人的雕像如现存的各城市的历史人物塑像；纪念某一历史事件的纪念碑，如南京雨花台烈士纪念碑、唐山抗震纪念碑等；纪念某种品质的碑刻，如同济大学校园内的师魂碑刻等；具有时代精神，能反映某一领域的重大成果；城市内区域性标志性景观。

#### 3. 空间组织

以精神需求为主的小尺度空间景观的空间组织还是要以反映某种主题思

想为设计的主要思路。在进行空间组织时主要景观要位于小尺度空间的中心位置，并且要正对着进入小空间的主要入口的方向，让人们能一目了然。为了更好地烘托小尺度空间的主要景观，一定要把握主次关系，要使主景观和次景观保持一定的空间距离，并保持良好的视距，在整体景观的布置上要围绕主景观进行均衡规划，背景景观和主景观之间的关系要恰当。小尺度空间主要景观的尺度安排要有所侧重，如伟人的雕像应该高大，而普通人的塑像要更合乎日常尺度。

### （三）审美需求

不管是物质需求的小尺度空间，还是精神需求的小尺度空间，所做的景观都是要能引发人们心情愉悦并给人带来美的享受的空间。建筑小环境在满足人们物质需求和精神需求的同时，实际上已经以其完整的空间形象满足了人们的审美需求。人们在小环境中小坐、交谈或沉思，就已经接受了这个小环境，并且认为其是可以利用的空间，即有益的空间和美的空间。这一类小环境在城市空间中也是非常常见的，因为人们在不断地美化周围的环境，用人工手段创造了无数改善城市空间的景观。比如在空地上铺上草地，有鸽子在上面走动，草地边缘用树篱围边，种着几何形状的树木，精美的雕塑或立于草地上或立于水池中，再有几股泉水射出。这恐怕是人们在城市中最希望看到的。虽然这些要素本身也有实用功能，草地、树木是为了调节气候的，水是为了浇灌草地、树木的，但这时它们通过精心的组织已经升华为艺术了。又如人们为了行走在地上铺上地砖，为了美观、好看，会做成不同的花纹、图案。如果说物质需求是人们的基本要求、精神需求是较高层次的要求，那么审美需求是人们对环境更高层次的要求。

## 三、小尺度城市空间现状

小尺度景观设计是当下园林景观设计中的重要环节和补充。自 20 世纪以来，城市建设几近成为所有国家都面临的问题，城市化进程的加快使城市面临土地资源匮乏与人口急剧增加的巨大压力，城市公共绿地面积锐减，尤其是在一些高密度的老城区，公共绿地少而小。面对这种情况，做使用频率较高的人性化小尺度景观设计显得弥足珍贵，从下班途中的偶遇、饭后的遛弯、街道中的嬉戏到节假日的短暂休闲以及市民文化活动的开展，小尺度景观给人们提供了特定的场所，对于重建社会归属感和场所认同感、建立和谐的交往关系以及改善城市物质环境都有着重要的意义。由此可见，小尺度景观设计在现代城市建设中起到举足轻重的作用。从当前来看，小尺度景观的设计还有待深化和提升。当我们生活其中，认真品味这些小尺度景观的细节时，往往给人一种粗糙或不耐看的感觉。这是因为大量的广场绿地、入户花园、庭院等小尺度景观在设计上经常被简单带过，缺乏内容和情感融入，缺乏小尺度景观带给人们交流、游憩、嬉戏等各种活动的功能，因而显得空洞。

## 四、小尺度城市空间景观的类型

小尺度空间景观是建筑环境景观的一部分，由于建筑环境类型的差异，小尺度空间景观的空间形态、空间特征及设计要求都会有所不同。小尺度景观可以根据使用空间的不同分为小尺度花园景观、小尺度街道景观、小尺度庭院景观和小尺度广场景观四类。

### （一）小尺度花园景观

小尺度花园景观通常又被称为“园中园”，经常被应用在建筑物密集的地方，所以建筑的空间格局决定了小尺度花园景观的空间形态。建筑物自身的造型、高度变化和丰富的立面效果，可以为小尺度花园增添地域风格。小尺度花园景观根据建筑物的围合大致可以分为以下三种类型：

#### 1. 封闭性空间

封闭性小尺度花园景观（如图 5-1 所示）是一种由建筑物四面围合而形成的一个以内部庭院为中心的格局，设计者利用建筑物的布置，使内部庭院曲折变化，并通过理水、叠山和种植等造园手法，创造一种幽静、娴雅的环境。

图 5-1 封闭性小尺度花园景观

### 2. 变化性空间

图 5-2 变化性小尺度花园景观

变化性小尺度花园景观（如图 5-2 所示）把建筑物按照一定的观赏路线，有秩序地排列组织起来，形成一系列连续多变的动态空间。它利用地形的起伏变化和建筑物的空间变化来设计观赏路线，使观赏者在观赏的过程中获得尺度不同的景观印象。

### 3. 复合性空间

复合性小尺度花园景观的规模较大，并综合了以上各种类型空间，具有一个集中、内向的主体庭院空间，同时又有向外延伸的附属空间，随着地形、地势自由组合，构成具有丰富变化的空间组群。

## （二）小尺度街道景观

小尺度街道景观是最能体现城市活力的窗口。街道在城市中绝不仅仅是连接两地的通道，在很大程度上还是人们公共生活的舞台——观光游客沿着街道观察城市、认识城市；当地的居民习惯性地在街道上活动并感受着街道及周围环境；商业设施也大多分布在街道两侧。因此，从某种意义上来说，人们对城市景观最直接的感受来自小尺度街道景观。构成小尺度街道景观的空间环境大多属于带状空间，空间相对狭长。它的主要构成要素有节点小品、环卫设施、广告、街灯、人流、周边环境绿化等。我们在设计小尺度街道景观时要根据空间的延展性、连续性和流动性等特点，运用韵律、节奏、色块、光影等手法合理组织景观，在统一的基础上寻求变化。

## （三）小尺度庭院景观

小尺度庭院是由建筑物与墙或实体（植物、小品等）围合的、有明确边界的、内向型的、对外封闭且对内开放的空间，其面积比较小，尺度一般在 0.01 平方米以内，围合度相对较强。小尺度庭院景观可以分为以下三种：

住宅小庭院（如图 5-3 所示），这类小庭院非常常见，数量也非常多。

小型公共建筑、服务建筑的庭院和办公庭院，包括餐厅、图书馆、医院、学校、办公楼等建筑的小型庭院。这类庭院与人们的工作、学习、就餐、就医等事务性活动息息相关。

图 5-3 住宅小庭院

公共休憩小庭院，即被建筑、围墙等围合的小块空地，被辟为开放性的休憩庭院。这类小庭院的成因比较复杂，有的是在城市开发中遗漏的“碎片”，处于建筑群中，无法做其他用途，只能作为绿色休憩空间；有的是公共交通等市政项目的配套建设项目等。这类小庭院面积较小，人流量较大，供人们短时休息、停留、等候之用。

### （四）小尺度广场景观

广场的大小并非简单的面积问题，它是受活动内容、结构布局、视觉关系、光照条件、空间围合、周边建筑等诸多因素共同制约的，同时也与相邻空间的对比衬托有关（如图 5-4、图 5-5 所示）。例如，人们走在狭窄弯曲的只有 2—3 米宽的街道中，突然进入一个 20—30 米宽的开敞地带，就有一种豁然开朗的感觉。阳光照在广场上，暖洋洋的，广场周边摆着咖啡座和鲜花，人们三三两两自由悠闲地交谈着，民间艺人弹着乐器在吟唱，广场充满了无限的生机与惬意，尽管面积不大，却让人感到这狭小的空间已成为生活的必需。这才是广场真正的意义所在。相反，有些广场面积很大，但除了让人感到空旷、无所依靠外，并不能够引发人们交往和休闲的欲望。

图 5-4 小广场景观（一）

图 5-5 小广场景观（二）

# 第二节　居住区绿地景观设计

## 一、居住区绿地景观的概念

居住区绿地是指在居住小区、街坊内部除去居住建筑用地、道路用地、公共福利设施地段用地外，可作为绿化地的地方。它包括公共绿地、宅旁绿地、配套公建所属绿地和道路绿地，也包括满足当地植树绿化覆盖土的要求、方便居民出入的地下或半地下建筑的屋顶绿地。《城市居住区规划设计规范》明确，居住区内的公共绿地应根据不同的规划布局形式设置相应的中心绿地和组团绿地。

居住区按居住户数或人口规模可分为居住区、小区、组团三级：

居住区：10000—16000户，30000—50000人。

小区：3000—5000户，10000—15000人。

组团：300—1000户，1000—3000人。

居住区的规划布局形式可采用：

居住区—小区—组团、居住区—组团、小区—组团及独立式组团（院落组团）等多种类型。

居住区相关的术语：

城市居住区：一般称居住区，泛指不同居住人口规模的居住生活聚居地和特指被城市干道或自然分界线所围合，并与居住人口规模（30000—50000人）相对应，配建有一整套较完善的、能满足该区居民物质与文化生活所需的公共服务设施的居住生活聚居地。

居住小区：一般称小区，是指被城市道路或自然分界线所围合，并与居住人口规模（7000—15000人）相对应，配建有一套能满足该区居民基本的物质与文化生活所需的公共服务设施的居住生活聚居地。

居住组团：一般称组团，指被小河、道路分隔，并与居住人口规模（1000—3000人）相对应，配建有居民所需的基层公共服务设施的居住生活聚居地。

## 二、居住区建筑的布局形式

### （一）行列式

居住区依照一定的朝向成行、成列地布局，大多数的居民能够得到一个比较好的朝向，但是绿地空间往往比较小，容易产生单调感（如图 5–6、图 5–7 所示）。

图 5–6 某行列式居住区平面图

图 5–7 某行列式居住区鸟瞰图

### （二）周边式

居住建筑以道路或院落呈周边式安排，可形成较大的绿化空间，有利于公共绿地的布置，但是容易引起较多的居室朝向差或通风不良（如图 5–8、图 5–9 所示）。

图 5–8 某周边式居住区平面图

图 5–9 某周边式居住区鸟瞰图

### （三）混合式

一般是周边式和行列式结合起来的布局，通常居住区沿街区域会采取周边式布局，居住区内部使用行列式布局（如图 5-10、图 5-11 所示）。

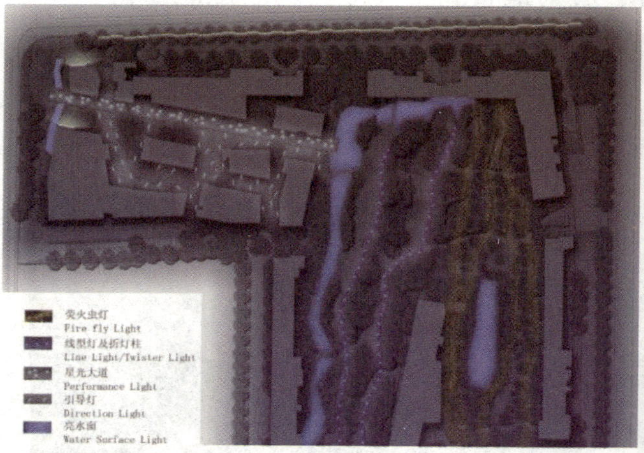


图 5-10 某混合式居住区平面图

图 5-11 某混合式居住区鸟瞰图

### （四）自由式

自由式布局大多结合地形的需求或受地形地貌的限制，充分考虑日照、通风等条件灵活布置（如图 5-12、图 5-13 所示）。

图 5-12 某自由式居住区鸟瞰图（一）

■ 图 5-13 某自由式居住区鸟瞰图（二）

### （五）散点式

散点式布局建筑常围绕公共绿地、公共设施、水体等散点布置，这种手法常应用于别墅区（如图 5-14、图 5-15 所示）。

■ 图 5-14 某散点式居住区平面图

■ 图 5-15 某散点式居住区鸟瞰图

### （六）庭院式

在庭院式布局中，一般底层建筑的住户有院落。该布局形式也常应用于别墅区，更加注重保护住户的私密性、安全性（如图 5-16 所示）。

■ 图 5-16 某庭院式居住区平面图

## 三、居住区道路系统布局

### （一）居住区级道路

用以解决居住区内、外的交通联系问题，按国家相关规范要求，车行道宽度 9 米以上，道路红线不小于 16 米。图 5-17 所示为某居住区主干道剖面图。

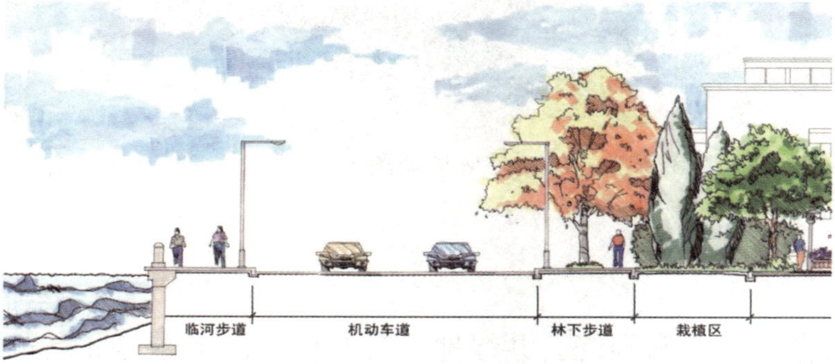


图 5-17 某居住区主干道剖面图

### （二）居住小区道路

居住小区道路是连接小区各部分的道路，按国家相关规范要求，车行道宽度一般在 7 米以上，图 5-18 为某居住小区道路剖面图，其车行道宽度为 7 米。在居住小区道路的两侧可布置人行道及绿化带。图 5-19 所示为南京新区某居住小区道路。

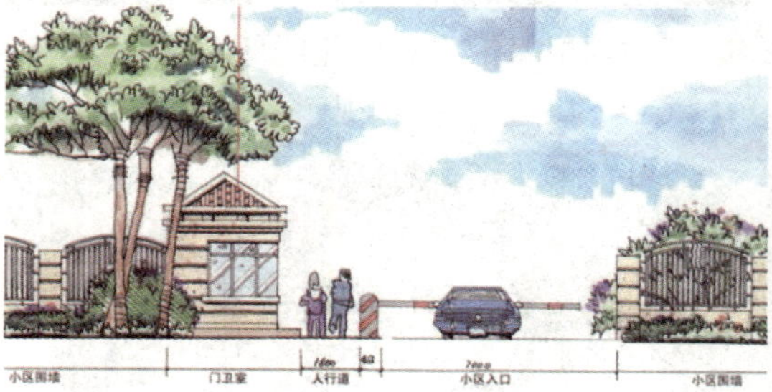


图 5-18 某居住小区道路剖面图

图 5-19 南京新区某居住小区道路

### （三）生活单元级道路

生活单元级道路路面宽度一般为4—6米，平时以通行非机动车和行人为主。图5–20、图5–21所示为生活单元级道路剖面图及实景图。

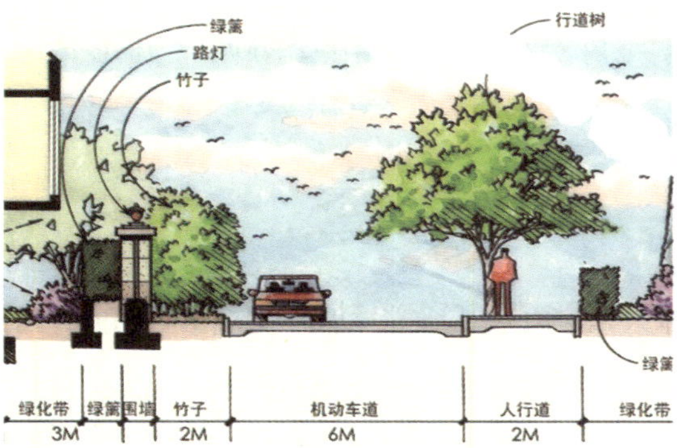


图5–20 某生活单元级道路剖面图

图5–21 某生活单元级道路实景图

### （四）宅前小路

通向各户或单元门前，主要供行人使用，一般宽度为1.5—3米（如图5–22所示）。

## 四、居住区绿地的功能

以植物为主体，在净化空气、减少尘埃、吸收噪音等方面起着重要作用。形成居住区建筑通风、日照、采光、防护隔离、视觉景观空间等环境基础，改善生态环境，提供游憩设施、交往场所，非常时期可起到疏散人流和隐蔽避难的作用。

图5–22 南京新区某居住区宅前小路

### （一）生态功能

城市居住区绿地具有释放氧气、改善气候、保持水土等多项生态功能。随着我国经济的飞速发展，环境问题越来越严峻，如人们在建设工程中不注意保护现有植被和地形大挖大填，从而造成水土流失。进入 21 世纪，打造与自然相协调的生态居住区将是居住环境发展的重要趋势。人们居住的环境应成为一个个生态社区，每一个生态社区应该成为区域范围内的生态节点，达到人与自然的真正融洽。应按照生态学的有关理论设计城市居住区的绿地系统，把大自然引入人们的生活，达到人与自然生态环境相互协调，并形成互动关系，满足人们对居住环境的要求。

### （二）游憩功能

居住区绿地是居民闲暇时交往、聊天和开展多种活动的场所。目前，城市居住区绿地地块的活动场地普遍不足，体育活动场地尤其缺乏。随着社会的信息化，人们的脑力劳动强度逐渐加强，体力劳动逐渐减弱，因而文化娱乐与体育健身的需要逐步在生活中占据重要的地位；另外，信息技术的发展使在家办公成为可能，人们在居住区内的闲暇时间会越来越多。因此，居住区除满足居住要求外，还要在绿地地块安排足够的运动、健身和娱乐场所。这是未来居住区发展的必然趋势。



## 五、居住区绿地景观的类型

根据居住区绿地景观的位置及功能的不同，居住区绿地通常分为居住区公园绿地、居住区中心游园绿地、居住区组团公共绿地。居住区绿地效果也是反映小区整体景观空间效果的重要指标。

### （一）居住区公园绿地

居住区公园绿地是城市园林绿地景观的重要组成部分，绿地区域不仅要大面积地种植绿植，还要有游憩活动的设施，是居民文化教育、休息、娱乐的主要场所。居住区公园绿地对于城市面貌、人民文化生活、环境保护都起着非常重要的作用。居住区公园绿地是以整个居民区的居民为服务对象的，也是居住区中绿地面积规模最大、服务范围最广的。它的服务半径为 800—1000 米，居民可在 10 分钟内到达，规模一般有几公顷。居住区公园绿地一般是由居住区规划用地内的自然地形景观，以及具有地域文化和历史人文价值的区域组成的。居住区公园绿地面积大，设施比较齐全，适合各年龄段人群活动。

### （二）居住小区公共绿地

居住小区公共绿地是整个小区居民共同使用的绿地，以居住区的居民为服务对象，满足其日常的室外活动，服务半径为300—500米，居民5分钟可到达，规模一般在1—2公顷。一般公共绿地靠近主入口及小区主路。由于居住小区的规模有很大的差别，并且小区规划组织结构类型也不同，所以公共绿地一般主要由中心绿地、宅旁绿地、道路绿地组成。

#### 1. 中心绿地

在居住区景观空间规划设计中，每一个居住区在公共中心区域或者靠近主入口区域，都会规划设计一处面积较大的公共区域，以便于居住区居民提供文化娱乐、生活需求、健身运动等服务。公共区域通常都与中心绿地结合起来，形成居民共享的公共空间。中心绿地面积一般占居住区的比例较大，视野较开阔，有较多的空间容纳更多、更全面的景观元素，可以构成更为丰富的景观空间。由于中心绿地面积相对较大，空间的自然生态循环自然较充裕，对于优化居住区生态环境有着直接的贡献。较大的中心绿地空间是满足居民安排运动及活动的有效保障。

#### 2. 宅旁绿地

宅旁绿地是居住空间中最基本的绿地类型，主要指行列及前后住宅之间的绿地空间。宅旁绿地的面积受楼间距的影响，一般主要包括宅前、宅后，屋顶花园一般也包含在这一绿地的范畴里。宅旁绿地的使用者通常是本栋居民，所以对居民居住环境的影响也最为直接，占到居住区绿地内总面积的比例是最多的，老人及学龄前的儿童是使用这一绿地的主要人群。

#### 3. 道路绿地

居住区内的道路主要分为两类：一类是通行机动车的主干道；另一类是居民步行的小道。道路绿地是设置在居住区大小道路两侧的绿地，具有防护、遮阴、布景的作用。道路绿地是居住区绿地的一部分，也是居住区绿地中“点、线、面”形式中“线”的部分，主要起到导向、连接、围合、分割等作用，也是连接居住区公共绿地及宅旁绿地的主要绿地。

### （三）居住区组团绿地

从 20 世纪 50 年代后期开始，我国就已经出现了组团绿地的形式，它的面积大小不等、形态不同，是宅间绿地的延伸和扩大。一块组团绿地就是一个社会单元，也可以称为单元绿地，服务半径在 3 分钟路程左右，步行距离在 200 米左右。组团绿地一般由几栋住宅楼围合构成，高层楼房建筑可以少一些，每个组团都会有一块中心区域绿地，从而形成开阔的绿化空间，做到开窗见绿、出门踏青的绿色生态居住空间环境。组团绿地的主要使用居民以单元形式为主，所以使用的人数不多，主要是为单元居民提供室外活动、邻里交往、老人和儿童聚集的小景观空间。组团绿地靠近居民居住空间，便于使用，是居民茶余饭后常去的地方。组团绿地在视觉和使用上都具有一定的标志性与象征性。

居住区组团绿地的规划设计要结合小区内的基本情况，灵活布置绿植、健身设施、小品及儿童游戏设施等。



## 六、居住区绿地景观设计的原则

### （一）居住区绿地景观设计以人为本强调人性化

人是景观空间的主体，也是空间的具体使用者，只有满足了人的使用需求，才是真正实现了景观空间的存在作用。居住区的居民是居住区绿地景观的使用者，所以在进行规划设计时要充分考虑居民使用绿地时的心理需求和生理需求，方便人们运动、娱乐、休闲等，使绿地环境充满生活气息，做到景为人用。居民们在绿地中运动、散步、聊天……老人们可以在绿地中找到歇息的地方下棋、喝茶，孩子们在绿地景观里追逐，在成长中感受自然环境的美好。因此，从居住区入口直到单元门前、道路两旁、中心绿地等，都要进行绿化，使人们能够开窗见景、推门踏青，可以随时随地呼吸新鲜空气，享受绿地中的鸟语花香，搭建居民邻里的和谐人际关系。

### （二）居住区绿地景观设计要注重植物配置坚持因地制宜

景观绿地绿化生态效用的发挥，主要是源自树木、花草的种植，居住区绿地景观的设计也主要通过“绿”来实现。居住区植物景观的设计要具有科学性，要合理地种植植物，多选用一些本地域的植物，并按照植物的生长特点进行配置，以平衡植物群落的自然演变。不同植物的生态习性是存在很大差异的，对光照、温度、湿度、空气、土壤等都有不同的要求，所以植物配置要依照植物间的互惠互生关系，合理配置。植物景观不能孤立存在，一定是与水系、地形相结合的，良好的植物景观往往作为园林小品，甚至是铺装、坐凳的独特背景，通过色彩、形貌、质感和体量等方面的对比，突出园林小品以及铺装、坐凳所处的特定空间，起到点景的作用。

### （三）居住区绿地景观设计要强调创新且要符合可持续发展

创新是发展的动力，没有创新就没有发展。居住区绿地景观设计与所有环境景观设计一样，要根据具体的环境、具体的设计要求进行不断创新，不能生搬硬套，否则居住区绿地景观就失去了自身所具有的特点和意义，会和其他景观绿地一样。

居住区绿地景观设计除了不断创新，还要兼顾生态环境保护，并以可持续发展为基础，努力挖掘当地传统文化、历史价值，充分融入地域文化等方面的内容。在此基础上要尽可能地节约用地，减少资源消耗，建设生态社区，实现人与自然的和谐统一。

## 七、居住区景观设计要求

### （一）实用性

“实用性亲近环境”（如图 5-23 所示），环境幽雅舒适，与周边环境协调。

图 5-23 实用性亲近环境

### （二）经济性

因地制宜，结合环境，便于管理。

### （三）先进性

在满足用户需求的同时，积极考虑可持续发展，为时代的进程、环境景观的深化留下发展余地。

### （四）开放性

为使人们在园中游玩时能更多地感受自然，应将封闭的绿地开放。绿地开放有以下两个层次：

一方面是绿地整体开放（如图 5-24 所示），另一方面是绿地内的开放（如图 5-25 所示），不能将居民活动空间局限于园路。

### （五）多样性

乔、灌、草、地被、花卉的合理组合，常绿与落叶植物的搭配等，都要充分注意生物的多样性，以便保持群落的良性循环。

■ 图 5-24 绿地整体开放

图 5-25 绿地内的开放

## 八、居住区绿地景观设计内容

### （一）植物绿化

居住区绿化设计最早发展于西方发达国家，20 世纪四五十年代，工业的迅猛发展破坏了生态环境，并带来一系列严重后果，迫使相关国家开始重视环境设计。20 世纪 70 年代，日本率先制定了改善居住环境的方针政策，提出了居住环境设计的基本要求：舒适，优美，安全，卫生，方便。20 世纪 80 年代，英国在新城市和居住区建设中提出“生活要接近自然环境”的设计原则，得到社会广泛认可。绿化是环境景观的基本构成元素，过往居住区的绿化往往是沿河、沿路“一枝桃花一枝柳”，满足于“披上绿化不见黄土”的低层次阶段，没有多大特色和艺术性。现代居住区的园艺绿化呈现以下几种趋势：

乔、灌、花、草相结合。马尼拉、火凤凰等草类地被植物是较为推荐的植物背景；具有观赏性的高大乔木，如香樟、玉兰、棕榈、银杏等，以及丛栽的球状灌木和颜色鲜艳的花卉具有较好的点缀作用。高低错落、远近分明、疏密有致，绿化景观层次丰富（如图 5-26、图 5-27 所示）。

平面与立体相结合。居住区绿化已从水平方向转向水平和垂直方向相结合。根据绿化位置不同，垂直绿化可分为围墙绿化、阳台绿化、屋顶绿化、悬挂绿化和攀爬绿化等。

图 5–26 绿化景观（一）

实用性与艺术性相结合。追求构图、颜色、对比、质感，形成绿点、绿带、绿廊、绿坡、绿面、绿窗等绿色景观，同时讲究和硬质景观的结合使用，也注意绿化的维护和保养，所有这些都极大地丰富了居住区绿化的内涵。

### （二）道路设计

图 5–27 绿化景观（二）

道路是居住区的构成框架，一方面起到疏导居住区交通、组织居住区空间的功能；另一方面，好的道路设计本身也构成居住区的一道亮丽风景线。按使用功能划分，居住区道路一般分为车行道和宅间人行道；按铺装材质划分，居住区道路又可分为混凝土路、沥青路以及各种石材或仿石材铺装路等。居住区道路尤其是宅间路，往往和路牙、路边的块石、休闲座椅、植物配置、灯具等，共同构成居住区最基本的景观线。因此，在进行居住区道路设计时，我们有必要对道路的平曲线、竖曲线、宽窄和分幅、铺装材质、绿化装饰等进行综合考虑，以赋予道路美的形式。比如区内干路可能较为顺直，便可用混凝土、沥青等耐压材料铺装；而宅间路富于变化，便可用石板、装饰混凝土、卵石等自然和类自然材料铺装（如图5–28、图 5–29 所示）。

### （三）水系驳岸

河道驳岸起到防洪泄洪、防护堤岸的作用。硬质景观设计如能巧妙地在驳岸的形式、材质上做文章，通过河道的宽窄和形态控制水流速度，制造急流、缓流、静水，形成动静结合、错落有致、自然与人工交融的水景，再辅以灯光、喷泉、绿化、栏杆等装饰，则可形成区内多视线、全天候的标志景观。

■ 图 5–28 居住区道路（一）

### （四）铺地

广场铺地区在居住区中是人们通过和逗留的场所，是人流集中的地方。在规划设计时，设计师通过它的地坪高差、材质、颜色、肌理、图案的变化创造出富有魅力的路面和场地景观。目前，在居住区中的铺地材料有广场砖、石材、混凝土砌块、装饰混凝土、卵石、木材等。优秀的硬地铺装往往别具匠心，极富装饰美感。比如某小区的装饰混凝土广场地面嵌入孩童脚印，具有强烈的方向感和趣味性。值得一提的是现代园林中的“枯山水”手法，用石英砂、鹅卵石、块石等营造类似溪水的形象，颇具写意韵味，是一种较新的铺装手法。

■ 图 5–29 居住区道路（二）

### （五）小品

小品在居住区硬质景观中具有举足轻重的作用，精心设计的小品往往成为人们视觉的焦点和小区的标识。

雕塑小品。雕塑小品又可分为抽象雕塑和具象雕塑，按材质分为石雕、钢雕、铜雕、木雕和玻璃钢雕等。雕塑设计要同基地环境和居住区风格主题相协调，优秀的雕塑小品往往起到画龙点睛、活跃空间气氛的作用。同样值得一提的是现在广为使用的“情景雕塑”，展现的是人们日常生活中动人的一瞬，耐人寻味。

园艺小品。园艺小品是构成绿化景观不可或缺的组成部分。苏州古典园林中的芭蕉、太湖石、花窗、石桌椅、楹联、曲径小桥等，是古典园艺的构成元素。在当今的居住区园艺绿化中，园艺小品更趋向多样化，一堵景墙、一座小亭、一片旱池、一处花架、一堆块石、一个花盆、一张充满现代韵味的座椅，都可成为现代园艺中绝妙的配景，其中有的是供观赏的装饰品，有的则是供休闲使用的“小区家具”。

设施小品。在居住区中有许多方便人们使用的公共设施，如路灯、指示牌、信报箱、垃圾桶、公告栏、单元牌、电话亭、自行车棚等。居住区灯具就有路灯、广场灯、草坪灯、门灯、泛光射灯、建筑轮廓灯、广告霓虹灯等，仅路灯又有主干道灯和庭院灯之分。这些灯具的造型日趋美观和精致，还可与悬挂花篮和路旗结合成为居住区精美的点缀品。上述小品如经过精心设计也能成为居住区环境的闪光点，体现出“于细微处见精神”的设计。



## 第三节 城市公园景观设计

### 一、城市公园分类

公园景观设计（如图 5-30 所示）多种多样。公园一般按功能不同可分为以下五种类型：

一是综合公园。

二是社区公园，包含居住区公园和小区游园。

三是专类公园，包含儿童公园、植物园、动物园、历史名园、风景名胜公园、游乐公园、纪念性公园和体育公园等。

四是带状公园。

五是街旁绿地。

图 5-30 公园景观设计

## 二、城市公园景观设计原则

在城市公园的景观设计过程中，我们必须遵循一些城市公园景观设计原则：

### （一）地方性原则

尊重传统习俗，了解乡土文化。应以场所的自然过程为依据，这些自然过程包括场所中的阳光、地形、水、风、土壤、植被及能量等。设计师将这些因素结合到设计中，能有效维护场所的健康运行。设计应就地取材，当地植物和建材的使用是设计生态化的一个重要方面。

### （二）整体性原则

城市公园是一个协调统一的有机整体，应当注重保持其发展的整体性，景观规划要从城市的整体出发，以城市的空间目标与生态目标为依据，考虑公园建设在什么位置、建设成什么性质和多大的规模，采用适宜的景观规划方式，以期真正发挥城市公园景观改善居民生活环境、塑造城市形象、优化城市空间的作用。

### （三）以人为本原则

创造公园景观，应坚持以人为本的原则，并充分认识到人在公园中的主体地位和人与环境的双向互动关系，保证人与自然的健康发展和人与环境景观的融合协调，强调人在公园空间的主体地位。人是公园空间的主体，任何景观都应以人的需求为出发点，体现对人的关怀，满足人的生理和心理需求，营造优美的环境。

### （四）异质性原则

景观异质性使景观具备复杂性、多样性的特点，使景观生机勃勃，充满活力，趋于稳定。因此，对以人工生态为主体的景观斑块单元性质的城市公园进行设计，应注重多元化、多样性呈现。追求景观整体生产力的有机景观设计法，追求植物物种多样性，并能根据环境条件的不同设置带状（廊道）

或块状（斑块）区域，进而与周围绿地融合起来。

### （五）多样性原则

城市生物多样性包括景观多样性，是城市人口生存与发展的需要，是维持城市生态系统平衡的基础。为此，为呈现景观多样性，设计师通常通过增加各式各样的园林景观斑块来实现，如观赏型植物群、保健型植物群落、生产型植物群落、疏林草地、水生或湿地植物群落。公园内，随着景观斑块类型日趋多样化，生物多样性也将不断呈现。

### （六）景观连通性原则

景观生态学应用于城市景观规划，特别强调维持与恢复景观生态过程与格局的连续性、完整性，即维护城市中遗留的绿色板块、湿地自然斑块之间的空间联系。而这些空间联系的主要纽带是廊道，如水系廊道等。

### （七）生态性原则

所谓生态位，即物种在系统中的功能作用及在时段与空间中的地位。在有限的土地上，根据物种的生态位原理，将乔、灌、藤、草、地被植被及水系相互配置，并且选择生活型（针阔叶、常绿落叶、旱生、湿生、水生等）、不同高度和颜色、季相变化的植物，充分利用空间资源，建立多层次、多结构、多功能的植物群落，打造稳定的、长期共存的复层混交立体植物群落。

## 三、城市公园景观设计功能分区

为了合理的组织游人开展各项活动，避免相互干扰，并便于管理，在公园划分出一定的区域把各种性质相似的活动组织到一个区域开展，形成具有一定使用功能和特色的区域，我们称之为功能分区。

根据综合性公园的功能需要，一般可将其分为以下几个功能区：

### （一）文化娱乐区

文化娱乐区是公园中人流最集中的活动区域，在该区内开展较多的是比较热闹、活动形式较多、参与人数较多的文化及娱乐等活动。

区内的主要设施包括：俱乐部、游戏广场、技艺表演场、露天剧场、影剧院、音乐厅、舞池、溜冰场、戏水池、展览室（廊）、演讲场地、科技活动场等。当然，以上各设施应根据公园的规模大小、内容要求因地制宜且合理地进行布局设置。

### （二）观赏游览区

观赏游览区以观赏、游览参观为主，在区内主要进行相对安静的活动，是游人比较喜欢的区域。为达到良好的观赏、游览效果，以在区内游人分布密度较小为佳，人均游览面积为 100 平方米左右较为合适，所以该区在公园中占地面积较大，是公园的重要组成部分。观赏游览区往往选择地形、植被等条件比较优越的地段布置园林景观。

在观赏游览区如何设计合理的参观路线，形成较为合理的风景展开序列是一个非常重要的问题。我们在设计时应尤为注意合理选择道路的平纵曲线、铺装材料、铺装纹样、宽度变化，使其能够适应景观展示、动态观赏的要求。

### （三）安静休息区

安静休息区主要供游人进行休息、学习、交往或其他一些较为安静的活动，如打太极拳、练太极剑、棋弈、漫步、聊天、练气功等。

该区的位置一般选择在具有一定起伏地形的区域，山地、谷地、溪边、湖边、河边、瀑布等环境最为理想。该区域还应树木茂盛、绿草如茵，有较好的植被景观环境。

安静休息区的面积可视公园的面积规模大小规划布置，一般面积大一些为好，但在布局时并不一定要求所有的安静活动都集中于一处，只要条件合适，可选择多处，创造类型不同的空间环境，以满足不同类型活动的需求。

### （四）儿童活动区

儿童活动区主要供学龄前儿童和学龄儿童开展各种儿童活动。据调查，公园中少年儿童占公园游人量的 15% ~ 30%。这个比例与公园在城市中所处位置、周围环境、居住区的状况有直接关系。居住区附近的公园，儿童的人数占比较大；离居住区较远的公园，儿童的人数占比相对较小。同时，也与公园内儿童活动内容、设施、服务条件有关。

儿童活动区可根据不同年龄的少年儿童需求进行分区，一般可分为学龄前儿童区和学龄儿童区。主要活动区域有：游戏场、戏水池、运动场、障碍游戏区、少年宫、少年阅览室、科技馆等。用地最好能达人均50平方米并按照用地面积的大小确定设置内容的多少。用地面积大的在内容设置上与儿童公园类似，用地面积较小的只在局部设游戏场。

儿童活动区规划设计应注意以下几个方面：

第一，该区的位置一般靠近公园主入口，便于儿童进园后尽快到达该区开展自己喜爱的活动。避免儿童入园后穿越其他功能区，影响其他区游人的活动。

第二，儿童区的建筑、设施要考虑少年儿童的尺度，并且应造型新颖、色彩鲜艳；建筑小品的形式要契合少年儿童的兴趣，富有教育意义，最好有童话、寓言的内容或色彩；区内道路的布置要简洁明确、容易辨认，最好不要设台阶或设置较大的坡度，要考虑童车通行的需求。

第三，植物种植应选择无毒、无刺、无异味、无飞毛飞絮、不易引起儿童皮肤过敏的树木和花草；儿童区不宜用铁丝网或其他具有伤害性的物品做护栏，以保证活动区内儿童的安全。

第四，儿童区活动场地周围应考虑遮阳林木、草坪、密林，并能提供场地、宽阔的草坪等，以便开展集体活动。

第五，儿童活动区还应适当考虑设置成人休息、等候的场所，因儿童一般都需要家长陪同照顾，所以在儿童活动、游戏场地的附近要留有可供家长停留休息的设施，如坐凳、花架、小卖店等。

### （五）老年人活动区

随着城市人口老龄化速度的加快，老年人在城市人口中所占比例日益增大，公园中的老年人活动区在公园绿地中的使用率是最高的，在一些大中城市，很多老年人已养成早晨在公园中晨练，白天在公园绿地活动，晚上与家人、朋友在公园绿地散步、谈心的习惯，所以公园中老年人活动区的设置是不可忽视的。

老年人活动区在公园规划中应考虑设在观赏游览区或安静休息区附近，要求环境幽雅、风景宜人。

老年人活动区设计应注意以下几个方面的问题：

第一，注意动静分区。

第二，注意闹、静分区。

第三，设置必需的服务建筑和必备的活动设施。

第四,一些有寓意的景观可以激发老人的热情。

第五，注意安全防护要求。

### （六）体育活动区

体育活动区是公园内以集中开展体育活动为主的区域，其规模、内容、设施应根据公园及其周围环境的状况而定。如果公园周围已有大型的体育场、体育馆，公园内就不必开辟体育活动区。

体育活动区常常位于公园的一侧，并设置专用出入口，以利于大量观众的迅速疏散。体育活动区的设置一方面要考虑其为游人提供进行体育活动的场地、设施，另一方面要考虑其作为公园的一部分需与整个公园的绿地景观相协调。

### （七）园务管理区

园务管理区是为公园经营管理的需要而设置的专用区域，一般设置有办公室、值班室、广播室，以及水、电、煤、通信等管线工程建筑物和构筑物，维修处、工具间、仓库、车库、温室、棚架、苗圃、花圃、食堂、浴室、宿舍等。以上按功能可分为管理办公部分、仓库部分、花圃苗木部分、生活服务部分等。

## 四、城市公园景观设计的内容

城市公园景观设计的内容主要包括总体规划、初步设计和施工图设计三个方面。

### （一）总体规划

总体规划也称总体方案设计，在接到设计任务书后，设计师根据任务书及甲方的要求进行总体规划。总体规划的内容包括公园的区位分析及场地现状分析、功能分区及景点设计、道路设计与出入口的设置、竖向设计与地形设计、植物种植设计、园林建筑及设施设计、给排水设计、电气设计。

### （二）初步设计

初步设计也叫详细设计，是介于总体规划与施工图设计之间的部分，根据任务书的要求，在总体规划的基础上对公园方案进行进一步扩展深化，并绘制相应的图纸，包括平面图、立面图、剖面图和效果图。初步设计的内容主要包括分区的详细设计、公园出入口设计、道路广场设计、水系设计、建筑与小品设计、种植设计、给排水设计、电气设计和设计说明。

### （三）施工图设计

施工图是公园进行施工的依据，应根据初步设计的内容并结合相关的制图标准进行设计，主要包括施工总图、竖向设计施工图、道路广场设计施工图、水系设计施工图、景观小品设计施工图、园林建筑设计施工图、种植设计施工图、给排水设计施工图和电气设计施工图。

## 第四节　单位附属绿地景观设计

单位附属绿地指在某一单位或部门内，由该部门或单位投资、建设、管理和使用的绿地。单位附属绿地的服务对象主要是本单位的员工，一般不对外开放，因而单位附属绿地也称为专用绿地。常见的单位附属绿地主要包括机关团体、部队、学校、医院、工厂等单位内部的附属绿地。这些绿地在丰富人们的工作、生活之余，还有改善城市生态环境等方面的重要作用。

单位附属绿地主要分为三种类型：工矿企业绿地设计、校园绿地设计和医院绿地设计。以下主要介绍工矿企业绿地设计和校园绿地设计。

## 一、工矿企业绿地设计的组成及设计要点

工矿企业绿地一般包括厂前区绿地，生产区绿地，仓库、露天堆场区绿地，道路绿地，以及绿化美化地段（如图 5-31、图 5-32 所示）。

### （一）厂前区绿地

#### 1. 厂前区绿地组成

厂前区一般由主要出入口、门卫收发室、行政办公楼、科学研究楼、中心实验楼、食堂、幼托和医疗所等组成。

厂前区的环境面貌在很大程度上体现了工矿企业的形象和特色，是工矿企业绿化的重点地段，对于景观要求较高。

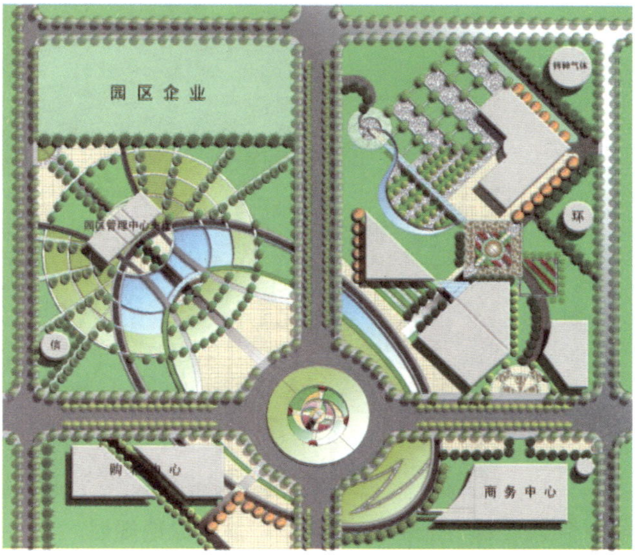


■ 图 5-31 某工矿企业的绿地设计总平面图

■ 图 5-32 某工矿企业的办公区绿化效果图

### 2. 厂前区绿地设计要点

厂前区的绿地要美观、整齐、大方，设计风格应开朗明快，给人深刻印象，还要方便车辆通行和人流集散（如图 5–33 所示）。

图 5–33 某企业厂前区绿地规划

绿地设置应与广场、道路、周围建筑及有关设施相协调，一般多采用规则式或混合式。植物配置要和建筑立面、形体、色彩相协调，与城市道路相联系，种植类型多采用对植和行列式。为使冬季仍不失其良好的绿化效果，常绿树一般占树种总数的 50% 左右。

## （二）生产区绿地

### 1. 生产区绿地组成

生产区可分为主要生产车间、辅助车间，以及动力设施、运输设施和工程管线。生产区绿地大部零碎分散，常呈带状和团片状分布在道路两侧或车间周围。

生产区是企业的核心区，是工人在生产过程中活动最频繁的地段，生产区绿地环境直接影响工人的身心健康和产品的产量与质量。

2. 生产区绿地设计要点

生产车间周围的绿化比较复杂，绿地大小差异较大，多为条带状。

此区绿地功能性强，必须根据车间具体情况因地制宜地进行绿地设计（如图 5–34、图 5–35 所示）。具体归纳如下：

第一，了解车间生产劳动的特点，要满足生产、安全、检修、运输等方面的要求。

第二，了解车间职工对绿化布局和植物的喜好，满足职工的要求。

第三，不影响车间的采光、通风等要求，处理好植物与建筑及管线的关系。

第四，车间出入口可作为重点美化地段。

第五，根据车间生产特点，合理选择植物，或抗污染，或具某种景观特质。

图 5–34 某发电机厂的生产区绿化

图 5–35 某印刷厂的生产区绿化

## （三）仓库、露天堆场区绿地

1. 仓库、露天堆场区绿地组成

这一区是原料、燃料和产品堆放的区域，绿化要求与生产区基本相同，但该区多为边角地带，绿化条件较差。

2. 仓库、露天堆场区绿地设计要点

仓库区的绿地设计要注意以下几个问题：

第一，要考虑消防、交通运输和装卸方便等要求，因而绿化布置宜简洁，在仓库周围要留下5—7米宽的消防通道（如图5-36所示）。

图5-36 某彩钢厂的消防通道

第二，要选择病虫害少、树干通直的树种，分枝点要高。

第三，选用防火树种，禁用易燃树种。

第四，仓库的绿化以稀疏栽植乔木为主，树的间距要大些，以7—10米为宜。

第五，地下仓库的上面，根据覆土厚度的情况种植草皮、藤本植物和乔灌木，可起到装饰、隐蔽、降低地表温度和防止尘土飞扬的作用。

第六，装有易燃物的贮罐周围应以草坪为主，防护体内不种植物。

第七，露天堆物场，在不影响物品堆放、车辆进出和货物装卸的条件下，周边应栽植高大、防火、隔尘效果好的落叶阔叶树，以利夏季时工人遮阴休息，且可以与外围隔离。

## （四）道路绿地

### 1. 道路绿地组成

工矿企业内部道路的绿化基本要求与城市道路相同，但在植物选择上，要考虑企业的个体特点。

### 2. 道路绿地设计要点

厂区道路是工厂组织生产、原材料运输、开展企业管理和生活服务的重要交通枢纽，是厂区的动脉。此区是环境绿化的重要部分，其绿化要依照车流、人流及有害物质的污染等情况来进行具体设计。应注意以下几个问题：

第一，应满足遮阳、防尘、抗污染、降低噪音、保证交通运输安全及美观等要求。

第二，道路绿化应充分了解路旁的建筑设施、地上和地下构筑物等，注意处理好与交通的关系，为保证行车、行人及生产的安全，在道路交叉、转弯处要设非植树区以保证行车视距。

第三，主干道两侧多采用生长健壮、冠大荫浓、分枝点高、遮阳效果好、抗性强和耐修剪的乔木做行道树，通常以等距行列式各栽植 1—2 行乔木，采用行列式布置，创造林荫道的效果，乔木栽植距离视树种而定，以 4—10 米为宜，定干高度不要低于 4 米。

第四，厂内一般道路，东西向可在南侧种植乔木，用于夏季遮阳，南北向则种在西侧。人行道两侧可种植三季有花、季相变化丰富的花灌木（如图 5-37 所示）。

图 5-37 某厂区的道路绿化

### （五）绿化美化地段

绿化美化地段包括工矿企业用地周围的防护林、全厂性的游园、企业内部水源地的绿化，以及苗圃、果园等。

绿化要注意以普遍为基点，逐步完善，以利用植物美化和保护环境为主。在有条件时，还可以考虑屋顶绿化，增加绿地面积，减少热辐射。

## 二、校园绿地设计

根据我国目前的教育模式，学校教育可分为小学、中学和大专院校，由于学校规模、教育阶段、学生年龄的不同，其绿地建设也有很大的差异。一般，中小学校的规模较小、建设经费紧张、学生年龄较小，学生大部分以走读方式为主，因而绿地无论是从设计还是从功能角度来讲都比较简单（如图5–38、图5–39所示）；而大专院校由于规模大、学生年龄略长、学生以住校为主，故对绿地设计及功能要求比较复杂。以下主要介绍大专院校（高校）的校园绿地设计。

校园景观是高校校园基础设施的重要组成部分。校园景观设计在创造优美景观的同时，也具有保护校园生态环境、传承学校文化历史、体现学校办学理念等功能，为使学生的良好道德品质培育和综合能力提升提供了空间场所。

因此，高校校园景观设计应发挥其作为隐性课堂所应具有的教育功能，

图5–38 某初中鸟瞰图

图 5-39 某小学平面图

创造出具有文化艺术内涵的独特校园景观。高校校园景观设计主要包括宏观的总体规划和空间布局、建筑造型风格和景观形态，以及注重细节的文化设施、形象标识设计等。

要分别从学生的心理、行为和情感因素实现环境育人理念。因此，景观设计需要注意更多精神性功能场所的引入与设计。针对高校校园景观设计而言，主要有三个大的方面需要考虑，即校园仪式性场所的设计，校园功能性场所的设计，校园交通性场所的设计。

### （一）仪式性场所的设计

大学校园仪式是对校园生活的强调和超越，应立足校园生活环境，围绕校园关系和校园行为的核心内容，与一般活动区别开来，形成独特的校园人文景观，在校园文化系统中得以凸显，从而有利于广大师生仪式意识和仪式行为的自觉养成。一般情况下，仪式的重复频率越高，仪式的重要性越容易得到加强，其生命力也会越持久；反之，仪式的重复频率太低，则易受岁月蚕蚀而淡化。

开放和人性化的要求使得校园景观建设具备了更加广泛积极的意义。通过强化整体景观布局的仪式感并融入自然化和有机化手法结合的方式，采取道路、场地整体规则式布局与局部自然式布局相结合，整体自然式布局与局部规则式布局相结合的方式，在规则中体会规矩与韵律，以增强学校的严肃性及外访者初入学校时的庄严感。

### （二）功能性场所的设计

目前，许多高校的校园景观设计注重形式美、外在美，而忽视了校园景观的内在美，致使校园景观缺乏地域性、文化性、教育性等特征，更没有表现出创新性和独特性。校园景观应该与自然景观有机结合，既可以维持生态平衡，有利于环境的可持续发展，又为文化艺术及教育提供了良好的空间。校园景观作为高校基础设施的重要组成部分，其设计应该发挥出独特的功能，使校园规划、空间布局更趋科学性、生态性。在校园中，我们需要关注不同人群的功能需求，对校园进行统筹规划。

教学楼：集散，社交活动，学习等。

宿舍楼：社交活动，运动等。

公共服务设施（食堂、电影院、运动场）：集散、社交活动等。

不同的建筑设施的功能在很大程度上是不重合的，因而需要设计师在设计过程中合理布局，充分利用有限空间创造出更多的价值。

### （三）交通性场所的设计

第一，校园道路若想较好实现其交通功能，必须尽可能保持所有的人流和车流通畅。

第二，校园道路网络也是校园内部结构的骨架，是校园各功能区的分界线，具有区域界线功能。

第三，校园道路也是校园公共空间的重要组成部分，因而具有公共空间功能。

第四，校园道路也是校园景观的重要构成，校园道路具有景观节点功能。

第五，由于校园道路承载大量的人流和信息流，因而是良好的信息平台。

# 第五节 城市道路景观设计

## 一、城市道路景观设计的基本原则

道路绿化设计应统筹考虑道路的功能性质、人行与车辆交通的安全要求、景观的艺术性、道路环境条件与植物生长的要求、绿化与道路工程设施的相互影响、绿化建设的经济性等因素，并遵循以下设计原则。

### （一）尊重历史的原则

城市景观环境中那些具有历史意义的场所往往给人们留下较深刻的印象，也为城市打造独特的个性奠定了基础。城市道路景观设计要尊重历史、继承和保护历史遗产，同时也要向前发展。需要探寻传统文化中适应时代要求的内容、形式与风格，塑造新的形式，创造新的形象。

### （二）安全性原则

道路绿化景观设计的首要原则是充分考虑行车视距，满足交通安全的需要。利用植物引导视线的功能，设计出具有引导作用的植物空间。树种要选择根系不破坏路基的植物品种。

### （三）保持整体性原则

城市道路景观设计的整体性原则可以从两个方面来理解：第一，从城市整体出发，城市道路景观设计要体现城市的形象和个性。第二，从道路本身出发，将一条道路作为一个整体考虑，统一考虑道路两侧的建筑物、绿化、街道设施、色彩、历史文化等，避免其成为片段的堆砌和拼凑。

### （四）因地制宜原则

利用现有道路绿化成果，并将其现有绿化以及道路整体环境融为一体。根据当地气候和道路环境条件的不同，在尽可能减少工程量的前提下，选择适合当地生长的树木，以利于树木的正常生长，保持较稳定的绿化成果，体现植物生长的多样性、层次性和季相性，并在统一的景观格调中变化。

### （五）道路绿化生态原则

在保证生态适应性的前提下，植物既具有抗逆性强、生长发育正常、病虫害少及易繁殖等性状，又具有水土保持能力强、生物防护性能好的最佳适应性，并在遵循适地适树原则的前提下优先考虑乡土树种的基础上，展现景观的舒适性。

### （六）连续性原则

城市道路景观设计的连续性原则主要表现在以下两个方面：第一，视觉空间上的连续性。道路景观的视觉连续性可以通过道路两侧的绿化、建筑布局、建筑风格、色彩及道路环境设施等的延续设计来实现。第二，时空上的连续性。城市道路记载着城市的演进，反映出某一特定城市地域的自然演进、文化演进和人类群体的进化。道路景观设计就是要将道路空间中各景观要素置于一个特定的时空连续体中加以组合和表达，充分反映这种演进和进化，并能为这种演进和进化作出积极的贡献。

### （七）科学性与艺术性原则

道路绿化设计与一般的绿地设计有所不同，它是动态的绿化景观，要求简洁明快、层次分明，并与周围环境相协调，形成“人在车中坐，车在画中行”的意境。它既要满足植物的生态习性，又要通过艺术的手法体现植物组合的形式美，使科学与艺术相结合。

### （八）经济实用性原则

道路建设的目的就是发展经济，提高社会生产力，所以在道路绿化景观设计中，在达到绿化、美化目的同时，也应充分考虑经济效益和社会效益。选择植物时本着易采购、易施工、易管护及造价低的原则，打造最佳的景观。

## 二、各类型城市道路景观设计

不同的道路在城市生活、生产活动中所起的作用各有不同，笼统地研究城市道路景观问题是不太切合实际的。因此，需要将城市道路进行分类，以便研究得更深入。城市中的道路按活动主体可分为车行道路、人车混杂型道路及步行道路等类型。不同类型道路因使用方式与使用对象的差异，在景观设计的侧重与手法的运用上也各不相同。

### （一）车行道路的景观设计

市区车行道路（快速路）受城市用地的限制，城市中的快速路常常表现为高架桥与立交桥的形式，其道路景观设计与一般道路极为不同。

#### 1. 道路形式的设计

由于快速路（如图 5–40 所示）是在市区内，其高度、宽度、尺度设计应充分考虑城市传统景观，以降低快速路与传统景观及周边环境的割裂感，尤其是要控制快速路的高度以避免对传统建筑立面所讲求的比例关系造成破坏，必要时可采用地面式或拉开与建筑高度的差距。

图 5–40 快速路

#### 2. 建筑形式的设计

建筑物的尺度应与快速路和谐，可采用双重尺度，建筑的上部恰恰是在快速路上运动的汽车中人的视野范围内，因而只需设计色彩效果，而建筑的下部在慢速运动的行人的视野可及范围内，可采用人的尺度进行设计。快速路形式单一、交叉口少，很容易形成单调而乏味的街景，因而地标建筑的设计就显得格外重要，它的视觉标志性可以成为道路景观的高潮，使枯燥的道路景观有节奏和兴奋点。

3. 道路设施的设计

快速路上的道路设施包括快速路照明设施、标志广告牌、信息显示牌、护栏、隔音板等。这些设施的设计不应仅仅是道路功能的补充与完善，设计者还要注重它在视觉效果上对快速路的美化与修饰功能，更要避免自身对景观的消极影响。

快速路的立交桥和匝道会产生大量的“失落空间”，这些空间为快速路的绿化设计带来了很大的契机（如图 5-41 所示）。绿化铺装的几何构图配以相应的乔木、灌木栽植与快速路自身的线形交织在一起，会形成大尺度上的景观和谐。但是，应该注意这种绿化不应仅仅是一种视觉需要，还应注意其可达性，使其成为人们游憩的场所。

图 5-41 立交桥道路绿化

## （二）人车混杂型道路的景观设计

城市中人车混杂型道路又可分为以交通性为主的道路与以生活性为主的道路。

## 1. 以交通性为主的道路

以交通性为主的道路一般担负着城市各个功能区之间人流、物流的运输，其交通流量大，通常路幅较宽。它的景观特性除了要满足安全性、可识别性、可观赏性、适合性和可管理性以外，还因有人的需求而需要提供方便性，如公交车停靠站、座椅、垃圾箱等。

（1）道路形式的设计

以交通性为主的人车混杂型道路首先要考虑安全性，将机动车道与自行车道分离（如图 5–42 所示），出于通行速度考虑，道路线型多采用直线。它的景观设计主要是通过对道路空间、尺度的把握，推敲建筑物高度与道路宽度比例，从而打造其形象。

■ 图 5–42 机动车道与自行车道分离

（2）建筑形式的设计

建筑形式的设计需要考虑车、人的双重尺度。对于车行来说，强调建筑物外轮廓线阴影效果和多彩的可识别性；而对于自行车、步行人群来说，由于速度较慢，自然对建筑的观察时间较长，建筑物底层立面的质感、细部处理更要进行精心的设计（如图 5–43 所示）。

（3）道路设施的配置及设计

此类道路的交通特点要求设置减速标志和减速设施，隔离设施也有所增加；可点缀小品设施为使用者提供方便，造型上应与整体环境协调，也可利用相同设施体现系列化、标准化。道路的文字标识要采用英汉对照，提升城市的国际化程度。

图 5-43 建筑物底层立面绿化

（4）绿化设计

此类道路人行道尺度比较大（如图 5-44 所示），可考虑草坪、绿篱、花坛、行道树等多种形式，树木的种植间距不应对行人或行驶中的车辆造成视线上的影响，在品种搭配上应充分考虑随季节变化而变化的景观效果。

图 5-44 绿化设计

## 2. 以生活性为主的道路

以生活性为主的道路（如图 5–45 所示）由于车种复杂、车行驶速度慢、人流较多，可分为以居住为主的街道、以商业为主的街道和以行政办公为主的街道，景观设计应注重多样性与复杂性。

（1）街道形式设计

城市生活性道路是以城市生活应用为主的，因而它的场所感较强。街道空间形式的设计首先要满足活动内容的需要，并根据街道功能特点考虑街道空间的变化，可采用对景、借景等来丰富空间景观。

■ 图 5–45 生活性为主的道路设计

（2）沿街建筑的设计

此类街道应充分考虑建筑的文化性与历史延续性，建筑临街的底层部分要精心设计。设施小品的设计应充分为使用者提供方便，同时应符合其使用功能，在造型上应与环境协调并考虑其文化内涵。广告设计不宜过大，不能影响原有建筑的体量与立面风格，艺术品设置要强调色彩、体量及易亲近性等。

（3）绿化设计

由于道路上行人数量较行车多，应尽量少用草坪，除行道树外，其他形式的绿化适合采用带花池的花坛等。设计时还要考虑绿化中的灯光效果，使绿化不会在夜晚漆黑一片。

## （三）步行道路的景观设计

步行道路的出现给城市带来了很多生机，其景观具备安全性、方便性、舒适性、可识别性、可适应性、可观赏性、亲切性、公平性、可读性、可管理性等特性。步行道路的景观设计在考虑上述几种情况之外，应格外强调个性化、人性化、趣味性、亲切性的特征，要充分注重自然环境、历史文化、人与环境和谐共处等方面的要求。下面介绍商业步行街的景观设计。

### 1. 道路形式

通过街道空间形式来体现商业步行街的景观个性，如德国不莱梅古商业街狭窄而弯曲的街道形式呈现了其特有的景观形象。商业步行街建筑的高度及其与街道宽度的比例要以能够营造亲切、和谐的空间尺度和环境氛围为宗旨，适宜人们进行交往、休闲、娱乐的行为；沿街建筑物风格、色彩、体量、质感会使商业街景观具备鲜明个性。

### 2. 地面铺装设计

选择不同性能的铺装材料，如南方炎热多雨，应选用吸水性强、表面粗糙的材料，在雨季起防滑作用；而北方寒冷地区应选择吸水性差、表面粗糙且坚硬的材料，防滑防冻、不易损坏。铺装材料材质的选择、色彩的设计能够强化商业街的景观形象。

### 3. 设施设计

步行道的设施设置要考虑人群的多种使用需求，如停车场、自行车停车位、电话亭、自动提款机、垃圾桶、道路指示牌、导游图、座凳等，这些设施的设计应遵从使用方便、造型别致、尺度亲切、布局合理、无障碍使用的原则。值得一提的是，城市中的商业街多是有传统历史的，其设施设计也应充分体现文脉精神。

### 4. 小品设计

小品设计的题材可以来自城市的历史、文化、典故、事件等，能够起到强化空间环境的文化内涵、渲染城市的人文色彩的作用，使人们在购物、观景的过程中接受传统文化的熏陶。小品的尺度要与人接近，能使人感到亲切、熟悉。

### 5. 绿化设计

为了能够反映商业步行街的繁华特点，不宜采用高大的树木，而且种植密度要适中，不影响两旁的建筑在人们的视野范围内展现其商业氛围。在供行人休息、停留的小广场或道路局部放大处种植一些遮阴树，对夏季较为炎热的城市来说能够起到较好的降温作用。

第六章

# 景观设计的图纸种类及内容要求

## 第一节 景观设计的图纸种类及内容

景观设计图纸主要分为景观分析图、景观平面布置图、景观剖立面图、景观效果图、景观详图、景观模型六种类型。

### 一、景观设计分析图

景观设计分析图是对景观设计现场及其他方面相关外部条件的综合性分析图纸，其呈现内容会因景观设计现场的情况不同而有所调整。景观设计分析图一般应包括现状分析图、功能分析图、交通流线分析图、节点分析图、视线分析图、竖向分析图、绿化分析图及景观示意图等。此外，还有景观照明分析图、日照分析图等许多种类。

#### （一）景观区域分析图

景观区域分析图（如图 6–1、图 6–2 所示）又称景观现状分析图，是指在景观基地原始地貌图的基础上，将从基地收集来的有价值的资料通过绘图和加注文字的方式来呈现景观现状分析的图纸。它的表达内容一般包括地形地貌、原有建筑的具体位置、植栽情况、土壤结构、气候条件、排水系统、最佳观察点，以及土地规划和开发利用情况等相关因素。景观区域分析图上要准确并清楚地标明景观基地的具体方位、占地面积、地面标高、常年风向等主要信息。

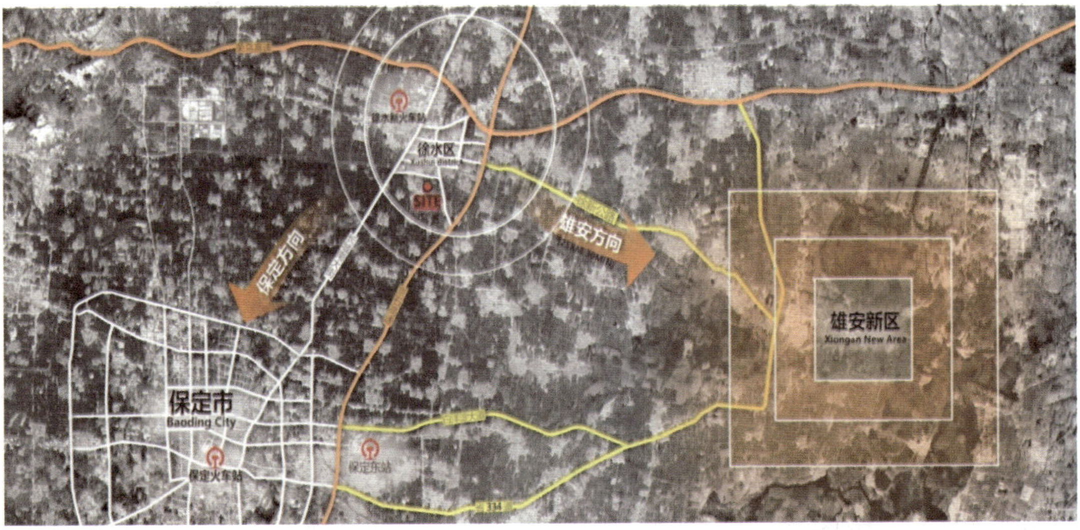


■ 图 6-1 景观区域分析图（一）

■ 图6-2 景观区域分析图(二)

## （二）景观功能分析图

景观功能分析图（如图 6-3、图 6-4 所示）“景观基地功能分析图”，是在景观基地分析及现状陈述的基础上，通过绘图与图解的方呈现表达景观基地环境改造的功能设置情况和设计分析要点。由于景观基地的地理位置、功能、用途等不同，需要进行景观功能分析的相关因素也各有差异。景观功能分析图的呈现内容应根据景观基地的客观要求和设计意图进行全面分析。景观基地功能分析图的绘制内容一般包括在景观基地的功能设置中所有功能区的分布情况，如公共城市道路、防风林、隔离带、建筑、服务设施、停车用地、公共活动空间、给排水系统、景观设备与设施等许多方面的综合性分析。景观基地功能分析图要注明指北针、设计分析图例，以及绘制比例或参造物尺寸等图纸必备内容。

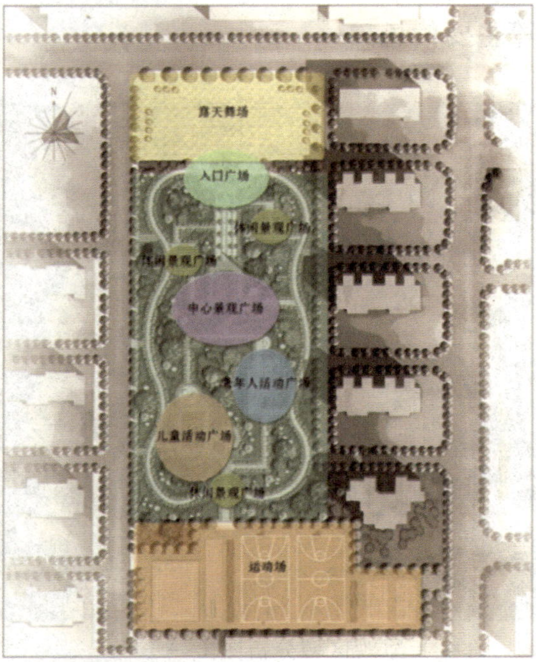


图 6–3 景观功能分析图（一）

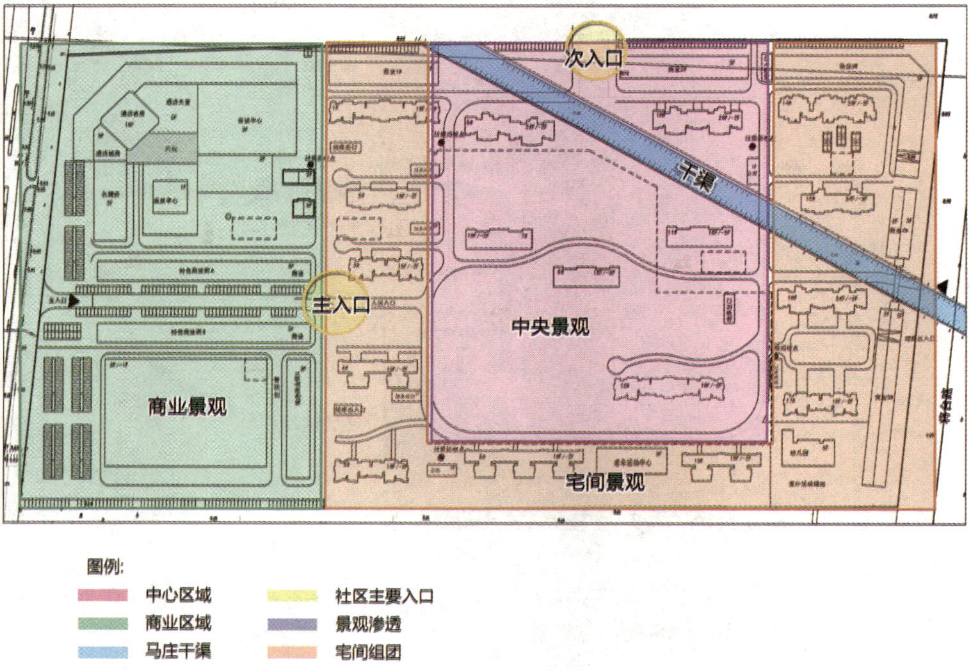


图 6–4 景观功能分析图（二）

## （三）景观交通流线分析图

景观交通流线分析图（如图 6–5 所示），旨在道路可视范围内，做好与周围环境的协调，更好地服务人们。研究分析景观交通流线分析图的规律并应用于工程实践，是为了更好地提高景观交通的舒适性、安全性。景观交通流线分析图主要运用了视觉原理、色彩学、美学等学科的基础知识，用以表达景观环境中道路线形、景观道路表现手法、景观道路构成和评价等方面的内容。

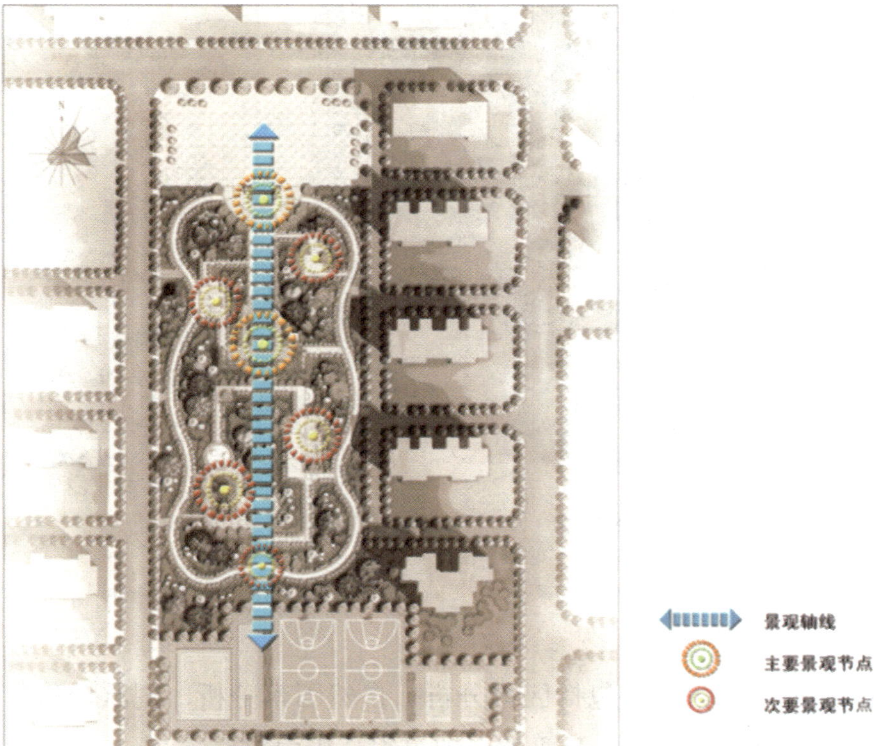


图 6–5 景观交通流线分析图

## （四）景观节点分析图

景观节点分析图（如图 6–6 所示），一般包括主要景观节点、次要景观节点、景观主轴线、景观次轴线，以及景观渗透和景观视线等方面的分析内容。景观节点是指人们在景观环境中视觉和活动的停留点，一般有主、次景观节点之分。景观主轴线是按照设计一般规律及设计要求把场地中各个景观节点串联起来而形成的贯穿景观环境的一条抽象辅助线，并作为景观形象的基本骨架而存在；景观次轴线一般沿主轴线向两边渗透而存在，是连接次要景观节点的抽象辅助线。

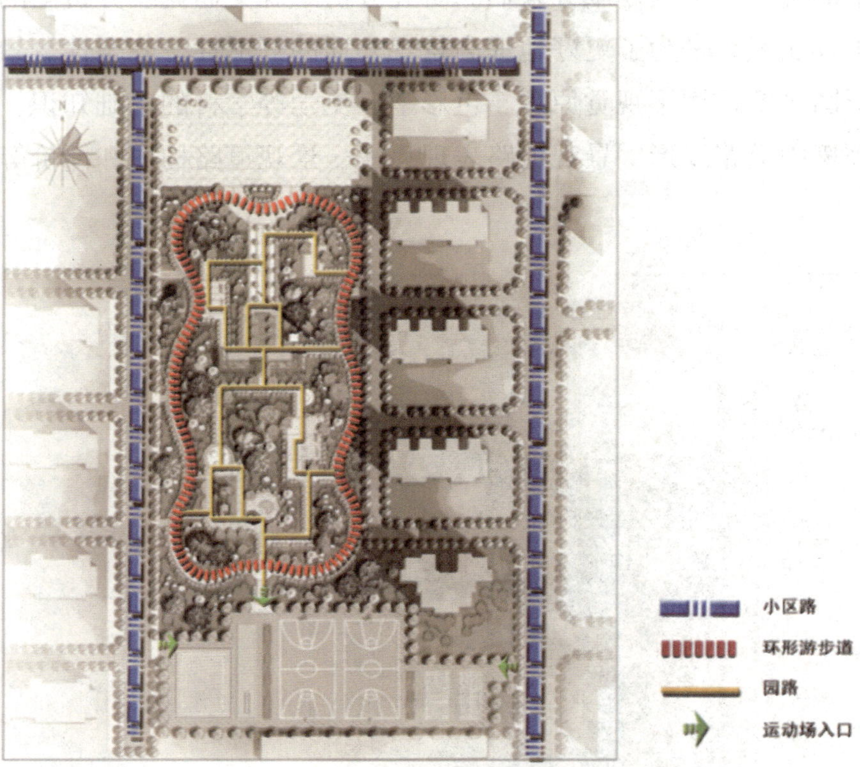


图 6-6 景观节点分析图

### （五）景观绿化分析图

景观绿化分析图主要包括区位分析、自然因素分析、现状分析等内容，应根据景观基地的绿化现状及要求合理组织分析内容。

### （六）景观示意图

景观示意图是采用与该景观设计内容相似的手绘或者实景照片来示意设计想法的一种图纸呈现，以增加景观设计的示意效果为目的。

## 二、景观平面布置图

景观平面布置图（如图 6-7 所示）的主要内容一般包括地形地貌的改造、

植物栽培情况、景观建筑、山石、水体、道路及基础设施等方面的规划与设计。景观平面布置图应按比例绘制，并标明比例尺、指北针或风玫瑰图、说明文字，以及主要设计尺寸和标高等内容。

景观平面布置图是指在景观设计场地范围内以其水平方向进行正投影而产生的俯视图。景观设计平面图主要呈现场地的占地大小、场地内建筑物和构筑物的大小、屋顶形式和材质、道路与步行道的宽窄和布局、室外场地（主要指硬质场地）的形状和大小及铺装材料、植物的布置和品种、水体的位置和类型、户外公共设施和公共艺术品的位置、地形的起伏和不同的标高等。

景观设计平面图的绘制应注意图面的整体效果，应主次分明，让人一目了然，避免因为呈现内容过多而造成图面混杂和凌乱。

■ 图 6–7 景观平面布置图

## 三、景观立面图

景观设计立面图（如图 6–8 所示），是景观设计要素在场地水平面的垂直面上的正投影。景观设计的立面图亦如建筑设计的立面图一样可根据实际需要选择多个方向的立面图。景观设计立面图主要表达了景观设计在垂直方向上的轮廓起伏和节奏、地形的起伏标高变化、设计所用树木的形状和大小、建筑物及户外公共设施和公共艺术品的高宽体量等。

图 6–8 景观设计立面图

## 四、景观剖面图

景观设计剖面图是假想一个铅垂面剖切为呈现景观空间，移去被剖切部分，剩余部分的正投影的视图。

景观剖面图的主要内容是景观设计场地范围内地形的起伏、标高的变化、水体的宽度和深度及其围合构件、建筑物或构筑物的室内高度、屋顶的形状、台阶的高度等。

在景观设计的平面、立面、剖面图中，尽管由于景观设计的场面较大，立面、剖面图中一般高宽比悬殊，立面、割面的图面远没有平面的图面丰富且生动，但是景观设计的平面、立面、剖面图的意义和价值是等同的。另外，景观设计的立面图与剖面图不如建筑设计的立面图与剖面图之间的差异大，而是貌似基本一致。实际工程通常将景观设计的立面图与剖面图合二为一，并称为剖立面图。在景观设计的不同阶段，图纸需要展现的深入程度是不同的。以上介绍的景观设计中平面、立面、剖面图的画法，仅为方案阶段的呈现。景观设计的施工图除了上述图纸外，还要补充各种景观设计细部节点构造详图、场地中建筑物或构筑物的施工图、花木栽植施工图、水电施工图、竖向设计图等。

## 五、景观效果图

透视图是画好景观设计效果图的基础（只有少量的景观设计效果图采用平面和立面或轴测图的方式）。而就其概念而言，透视图是以作画者的眼睛为中心作出的空间物体在画面上的中心投影（而非平行投影）。它是将三维的空间景物转换成二维图像，逼真地展现了设计者的预想构思。常见的透视图主要有一点透视图、两点透视图和鸟瞰图三种。

### （一）一点透视

一点透视也称平行透视，其画法简单，展现范围较广，纵深感强，适用于呈现严肃、庄重或轴线感强及较为开阔的户外空间，也适用于小范围户外空间的景观设计的分析。一点透视效果图（如图 6–9 所示）的缺点是画面场景稍显呆板，在正常视点高度范围内，无法呈现景观空间的相互关系和景观设计的总体效果。

图 6–9 一点透视效果图

## （二）两点透视

两点透视也称成角透视。两点透视效果图（如图 6-10 所示）呈现范围更广，适用于呈现活泼、自由的户外空间的景观设计，同样适用于小范围景观节点的分析。它的缺点是画法比一点透视复杂，若角度选不好，易产生局部变形。同样，在正常视点高度范围内，它也无法呈现景观空间的相互关系和景观设计的总体效果。

图 6-10 两点透视效果图

## （三）鸟瞰图

鸟瞰图也称俯视图。鸟瞰图（如图 6-11 所示）既可以是一点透视图，也可以是两点透视。它的观看角度是自上而下。它的特点是便于呈现景观空间形体的相互关系和景观设计的总体效果，尤其当景观设计总平面具有良好的图底关系时，效果最佳。它的缺点是当景观空间缺少节奏变化时会显得较为单调。

除此之外，轴测图也是景观设计的立体呈现方式。在综合性的大型公共空间的景观设计中，所有的透视图都只能呈现出该公共空间的一个局部，如运用轴测图，则能反映户外空间形体的整体关系、呈现景观设计的总体效果。需要说明的是，轴测图并非透视图，它是由非正视的平行投影根据空间坐标 x 轴、y 轴、z 轴画出来的立体图，它的三个方向的尺寸均可以按比例量出。它的作图较为简单，缺点是不真实和不符合人眼识物“近大远小”的特点，画面不够生动。轴测图包括正轴测图和斜轴测图两种。

图 6–11 鸟瞰图

## 六、景观详图

为了让景观设计图纸的呈现内容能够更加明确和细致，通常还需细化某一区域或局部景观的具体设计内容，这类图纸被称为“单元景观详图”。单元景观详图的图纸种类一般包括单元景观平面图、局部平面详图、剖面图、局部做法图等。

## 七、景观模型

景观模型包括实体模型（又称沙盘）和三维动画演示两种表达方式。

## 第二节 景观设计各阶段的图纸内容及要求

景观设计图纸在各个不同的设计阶段均有相应的图纸绘制内容及要求。一般来讲，景观设计的图纸表达过程可分为概念性方案设计、建设性方案设计、深化设计、施工图设计四个阶段。其中，建设性方案设计是对概念性方案设计的深化和细节补充，深化设计和施工图设计应在方案设计经双方认定之后再出图。我们在学校学习景观设计的深入程度一般最多只做到建设性设计方案这一步。现将景观设计图纸在各个设计阶段的绘制内容及深度要求分别做一下简要介绍。

### 一、概念性方案设计阶段

景观设计在概念性方案设计阶段的图纸内容及要求主要包括文字说明、概念方案设计分析图、整体景观平面图、竖向图、透视效果图等。

文字说明：景观设计内容的图纸目录。

概念方案设计分析图：景观概念设计及创新深化的分析图、景观功能布局的深化分析图、交通流线组织的深化分析图、景观空间类型及结构深化分析图、景观绿化系统结构深化分析图。

整体景观平面图：景观方案设计总平面图（要有文字、尺寸标注及图例）、景观设计彩色总平面图（要配有文字说明和图例）、景观绿化配置意向总平面图（绿植搭配、空间围合等）、景观铺装分布及地形设计总平面图（包括材料、色彩和整体分布结构等）。

竖向图：主要景观剖面图。

透视效果图：重点景观部位概念设计效果图、景观方案设计总体鸟瞰图。

### 二、建设性方案设计阶段

景观设计在建设性方案设计阶段的图纸内容及要求。

文字说明：景观设计内容的图纸目录及设计说明。

概念方案设计分析图：概念设计及创新深化的分析图、景观功能布局的深化分析图、交通流线组织的深化分析图、景观空间类型及结构深化分析图、景观绿化系统结构深化分析图。

整体景观平面图：景观方案设计总平面图（要标注文字、尺寸及图例）、景观设计彩色总平面图（文字说明和图例）、景观绿化配置意向总平面图（树木搭配、空间围合等意向）、景观铺装分布及地形设计总平面图（包括材料、色彩、整体分布结构等）。

景观区域平面图：各主要区域的景观放大平面图、主要入口的景观放大平面图。

竖向图：各区域的景观剖面图（均需提供至少一张剖面图）、典型道路与场地剖面图（人、车、路、景观和建筑的关系）。

景观细化设计图：各景点的详细设计，包括小品、水景、围墙、雕塑等的平面及剖面图（以清楚表达设计意图的原则）、景观配套设施的选择原则、建议及意向图片（音箱、绿化、灯饰、桌椅、垃圾桶、标识、玩具、健身设施等）。

透视效果图：重点景观部位概念设计效果图、景观方案设计总体鸟瞰图。

## 三、深化设计阶段

景观设计在深化设计阶段的图纸内容及要求。

文字说明：图纸目录（编排合理，便于查阅），深化设计说明（包括设计原则、技术说明、依据等）。

景观深化设计平面图：深化设计总平面图（包括绿化、交通、场地、景点等），深化设计索引平面图（方便找图，不漏项，便于清楚查阅），景观材料及铺装平面图（反映材料的总体分布结构和色调），绿化种植平面图及说明，苗木表（包括树木定位、搭配方式、树种选择、苗木控制规格等），园林家具，标识，游戏器械定位平面图（园林家具含桌椅、垃圾桶等），重要景观区域及铺装放大平面图，索引图（以清晰呈现设计意图为原则），景观地形竖向及标高平面图（景观场地、交接界面等标高情况）。

定位图：景观照明及背景音响设施定位图（灯具、音箱、数据统计表）、给排水设施的平面定位图（排水口、给水点、水表等）。

景观深化设计图：景点深化详图设计包括平立剖节点大样及必要的效果图（景观设施建设及小品、场地、水景等），节点大样及必要的透视图，景点的详细设计包括若干平立剖面及各个景观节点等（以清楚呈现设计意图为原则）。

各类说明图纸：景观配套设施的选择原则建议及意向图片（音箱、绿化、灯具、桌椅、垃圾桶、标识、玩具、健身设施等），乔木需提供全冠幅的图片 / 灌木需提供成片种植的图片、种植说明（包括土壤造型详图及效果意向图片、种植规范说明和植物保养说明）。

概算：深化设计阶段景观工程造价概算表（建设前期的估算控制）。

模型及样板：景观项目深化设计三维模型及样板模型（采用电子三维模型制作、实物模型、实物样板模型等）。

## 四、施工图设计阶段

景观设计在施工图设计阶段的图纸内容及要求。

文字说明：图纸目录（编排合理，便于查找和阅读）、施工图设计总说明。

施工图设计平面图：施工图设计总平面图（包括绿化、交通、场地、景点等）、深化设计索引平面图（方便找图，不漏项，便于清楚查阅）、施工图设计索引平面图、施工物料及铺装平面图、地形竖向及标高平面图（景观场地、交接界面等标高情况）、景观区域铺装放大平面图及索引图。

施工图各类说明图纸：景观施工结构设计图纸及施工说明、景观施工电气设计图纸及施工说明、景观施工给排水设计图纸及施工说明、景观施工种植设计图纸及施工说明（土壤造型详图及效果意向图片、种植规范说明及植物保养说明）。

材料信息：施工图设计阶段的材料清单、样板及辅助色板、供货商信息。

模型：景观项目深化设计三维模型（可采用电子三维模型制作、实物模型）。

## 第三节 景观工程施工图的内容及要求

为了更好地将景观设计的课堂练习内容与生产实践相结合，我们在初步学习如何画景观设计图纸的过程中，一定要了解有关景观工程施工图纸的绘制内容及要求，以便更准确地在景观方案设计中呈现绘制内容和基本任务。为方便在施工过程中翻阅图纸，景观工程施工图通常分为总图和分部施工图两部分。

### 一、项目总图部分的内容及要求

#### （一）景观工程项目封面

景观工程项目封面包括景观设计工程项目名称，工程项目地点，工程项目编号，项目设计阶段，项目设计时间，设计单位名称。

#### （二）景观工程项目图纸目录

景观工程项目图纸目录应按编排顺序列出景观工程项目总图部分的全部图纸纲目。

#### （三）景观工程项目设计说明

景观工程项目设计说明一般包括工程项目概况、项目设计要求、项目设计构思、项目设计内容简介、项目设计特色，以及各类景观材料统计表等基本内容。

#### （四）景观工程项目总平面图

景观工程项目总平面图上要详细标注景观设计场地所涉及的道路、建筑、水体、花坛、小品、雕塑、设备、植物等在平面中的位置及各部分的名称，同时还要标出主要的经济技术指标、地区风玫瑰图、比例尺等图纸必备内容。

景观工程项目总平面图的绘制内容可采用A1或A0图幅，或视工程要求而定。常用绘制比例一般采用1∶200，1∶600，1∶800，1∶1000，

1∶1500。一般情况下，同一项目图纸图幅应保持一致。

### （五）景观工程项目种植总平面图

景观工程项目种植总平面图要详细标注景观工程项目中所用的各类植物的种植点、品种名、规格、数量，以及植物配置简要说明与苗木统计表和指北针等内容。

### （六）景观工程项目雕塑与小品总平面布置图

景观工程项目雕塑与小品总平面布置图，应隐藏绿植设计，要详细标出设计中所涉及的景观雕塑与小品的平面位置、它的中心点与总平面控制轴线的位置关系，以及景观雕塑与小品的分类统计表和指北针等有关内容。

### （七）景观工程项目铺装与物料总平面图

景观工程项目铺装与物料总平面图，应隐藏绿植设计，详细标注各区域内硬质铺装材料的材质和规格、材料设计选用说明、铺装材料图例、铺装材料用量统计表（按面积计算）、指北针等内容。

### （八）景观工程项目总平面放线图

景观工程项目总平面放线图，应隐藏绿植设计，详细标注各类建筑、广场、道路、平台、水体、主题雕塑等主要控制点及相应的尺寸。

### （九）景观工程项目总平面分区图

景观工程项目总平面分区图，要隐藏绿植设计，根据项目设计的内容需要，以及功能分区的内容，用特粗虚线将总平面分成相对独立的若干区域，对各区域进行标注，另外应标明指北针。

### （十）景观工程项目分区平面图

景观工程项目分区平面图，应按总平面功能分区图的内容将各区域平面放大绘制，并补充平面细部，只有当总平面分区图不能继续呈现图纸细部内容时，才会设置分区平面图，需要画出指北针。

### （十一）景观工程项目分区平面放线图

景观工程项目分区平面放线图，要详细标注景观工程项目各分区平面的控制线及建筑、构筑物、道路、广场、平台、台阶、斜坡雕塑与小品基座、水体等控制尺寸。

### （十二）景观工程项目分区铺装平面图

景观工程项目分区铺装平面图，要详细绘制景观工程项目各分区平面内的硬质地面铺装花纹，详细标注各铺装花纹的材料材质及规格，应画出指北针。

### （十三）景观工程项目分区铺装平面放线图

在景观工程项目分区铺装平面图的基础上，平面放线图应隐藏材料材质和规格的标注，主要注明铺装花纹的控制尺寸。

### （十四）景观工程项目竖向设计总平面图

景观工程项目竖向设计总平面图，应隐藏绿植设计，详细标注各主要控制点的标高尺寸、各区域内的排水坡方向及坡角度大小、区域内控制点的标高及雨水收集口位置、建筑与构筑物散水标高、室内地坪标高或屋顶标高、微地形等高线及最高点标高，以及台阶和坡道的方向等内容。标高可采用绝对标高或相对标高坐标系统进行标注，要画出指北针。

## 二、景观工程项目各部施工图的内容及要求

景观工程项目各部施工图一般包括建筑与构筑物施工图、雕塑小品施工图、地面铺装施工图、绿植种植施工图、假山与地形地势施工图、水景施工图、灌溉系统施工图。为便于在施工过程中翻阅图纸，各部施工图一般采用A3图幅绘制。各部施工图的绘制比例一般采用1：50，1：100，1：150，1：200，1：300。

### （一）景观工程项目各部施工图封面

景观工程项目各部施工图封面包括景观设计工程项目名称、工程地点、

工程编号、设计阶段、设计时间和设计单位名称。

### （二）景观工程项目各部施工图图纸目录

按照景观工程项目编排顺序列出各分部施工图的全部图纸纲目。

### （三）景观工程项目各部施工图设计说明

景观工程项目各部施工图设计说明一般包括工程概况、设计要求、设计构思、设计基本内容、设计特色，以及各类施工材料表和主要绿植品种目录等内容。

### （四）景观工程项目各部建筑与构筑物施工图

#### 1. 景观工程项目各部建筑与构筑物平面图

要绘制出建筑与构筑物的底层平面图及建筑各楼层的平面图，详细标出墙体、柱子、楼梯、门窗、栏杆、装饰物等的平面位置及详细尺寸，应画出指北针。

#### 2. 景观工程项目各部建筑与构筑物剖立面图

要绘制建筑与构筑物的主要立面图、重要剖立面图及展开图，应详细呈现其内部构造、工程做法等内容，绘制出门窗、栏杆、装饰物的立面，并标注相应尺寸。

#### 3. 景观工程项目各部建筑与构筑物施工详图

要详细呈现平面图、立面图、剖面图中索引到的各部分详图内容，如建筑物的楼梯详图、室内铺装做法详图等。

#### 4. 景观工程项目各部建筑与构筑物基础平面图及详图

要绘制出建筑与构筑物的基础形式和平面布置尺寸等相关内容，并在建筑与构筑物基础详图上绘制出建筑与构筑物基础的平面图、立面图、剖面详图及配筋和钢筋表等内容。

#### 5. 景观工程项目各部建筑与构筑物结构图及详图

建筑与构筑物结构图一般包括建筑的各层地面、墙、梁、柱、板的位置与尺寸、楼板、楼梯板的配筋，以及楼板和楼梯的钢筋表等内容。建筑与构筑物结构详图一般包括梁、柱的剖面图，以及配筋和钢筋表等内容。

6. 景观工程项目各部建筑给排水图

要标明室内给排水管的接入位置、给水管线布置、洁具位置、地漏位置、排水管线布置、排水管与外网的连接等内容。

7. 景观工程项目各部建筑照明电路图

要标明室内布线、控制柜、开关、插座的位置与材料型号，以及材料用量统计表等内容。

## （五）景观工程项目各部景观铺装施工图

1. 景观工程项目各部铺装平面图

要绘制各分区平面内的地墙面硬质铺装花纹，详细标注各铺装花纹的施工材料材质、规格，标明重点铺装位置的平面索引编号，并画出指北针。

2. 景观工程项目各部局部铺装平面图

要绘制分区铺装平面图中索引到的重点部位铺装图，详细标注铺装放样尺寸、施工材料材质及规格等设计内容。

3. 景观工程项目各部铺装详图

要绘制出铺装花纹的详图，详细标注设计尺寸及所用材料的材质和规格等内容。一般还包括室外景观中各类铺装材料的详细剖面工程做法图、台阶做法详图、坡道做法详图等内容。

## （六）景观工程项目各部雕塑与小品施工图

1. 景观工程项目各部雕塑详图

景观工程项目各部在雕塑详图，一般包括雕塑的主要立面呈现图、雕塑放样图、雕塑设计说明、施工材料图及说明等内容。

2. 景观工程项目各部雕塑基座施工图

雕塑基座施工图，一般包括雕塑基座平面图（基座平面形式和详细尺寸）、雕塑基座立面图（基座立面形式、装饰花纹、材料标注、详细尺寸）、雕塑基座剖面图（基座剖面详细做法、详细尺寸）、基座设计说明等内容。

3. 景观工程项目各部景观小品施工图

要绘制出景观小品的平面图（平面形式、详细尺寸、材料标注等），剖立面图（主要剖立面形式、使用材料、详细尺寸等），详图（景观小品施工图中索引的各详图及景观小品基座做法详图等）。

### （七）景观工程项目各部地形与假山施工图

要绘制出景观工程项目各部地形平面放线图（要在各部分区平面图中用网格法绘出地形放线），假山平面放线图（要在各部分区平面图中用网格法为假山放线），假山立面放样图（要用网格法为假山立面放样），假山做法详图（假山基座平面图、立面图、剖面图，山石堆砌做法详图，塑石做法详图等）。

### （八）景观工程项目各部种植施工图

景观工程项目各部分区种植施工图包括平面图和种植放线图。

种植平面图，一般包括按照各部分区地块详细标注各类植物的种植点、品种名称、规格、数量，以及植物配置的简要说明和区域苗木统计表等内容。种植放线图，一般包括应用网格法对各部分区内植物的种植点进行放线定位，对形态复杂区域可放大后再用网格法进行详细的放线定位。图纸要绘出指北针。

### （九）景观工程项目各部灌溉系统施工图

灌溉系统施工图包括平面图和放线图。

灌溉系统平面图是要按照分区地块来绘制的，要详细标明管道走向、管径、喷头位置及型号、快速取水器位置、逆止阀位置、泄水阀位置、检查井位置，以及材料图例和材料用量统计表等内容。灌溉系统放线图是运用网格法对各部分区内的灌溉设备进行定位。图纸要绘出指北针。

### （十）景观工程项目各部水景施工图

#### 1. 景观工程项目各部水体平面图和水体剖面图

水体平面图应按照比例绘制水体的平面形态，标注详细尺寸。旱地喷泉应绘出地面的铺装图案和水篦子的位置，并标注材料的形状、材质和规格等内容。图纸要绘出指北针。

水体剖面图应详细呈现景观水体的工程剖面构造、做法和高程变化，并标注尺寸、常水位、池底标高、池顶标高等设计内容。

2. 景观工程项目各部给排水设计总平面图

景观工程项目各部应隐藏绿植种植设计，详细标出给水系统与外网给水系统的接入位置，水表、检查井、闸门井等位置，以及排水系统的雨水口、溢水口、排水口等位置。同时，还要注明给排水管网的布置情况，以及管径、给排水图例、给排水系统材料表等内容，应绘出指北针。

3. 景观工程项目各部喷泉设备平面图

要详细绘出喷泉设备的定位位置并注明型号，详细标注喷泉设备的布置尺寸、设备图例和材料用量统计表等内容，应绘出指北针。

4. 景观工程项目各部喷泉给排水平面图

应在喷泉设备平面图中布置喷泉给排水管网，标注管线走向、管径及材料用量统计表等内容，应绘出指北针。

5. 景观工程项目各部水景详图

应绘制出主要水景的水景平、立面图，标注水景类型和水景的宽度、长度、高度及颜色，并用文字说明水景设计的意境及水景的变化特征等内容。

### （十一）景观工程项目各部电气施工图

1. 景观工程项目各部电气设计说明及设备表

电气设计说明及设备表，一般包括详细的电气设计说明和设备表，要标明设备型号、数量、用途等电气设计内容。

2. 景观工程项目各部电气系统图

电气系统图是指详细的配电柜电路系统图，其中包括室外照明系统、水景动力系统、水下照明系统、室内动力系统、室内照明系统、备用电路系统、其他用电系统等施工图纸。要编写电路系统设计说明，标明各条回路所使用的电缆型号、控制器型号、安装方法、配电柜尺寸等电气施工内容。

3. 景观工程项目各部电气平面图

要在总平面图的基础上，标明各种普通照明、景观照明的灯具位置、数量、型号、线路布置、线路编号、配电柜位置等内容，要列出图例符号并绘出指北针。

### 4. 景观工程项目各部动力系统平面图

要在总平面图的基础上，标明各动力系统中水泵、大功率用电设备的平面位置、名称、型号、数量、线路布置、线路编号及配电柜位置等内容，要列出图例符号并绘出指北针。

### 5. 景观工程项目各部水景电力系统平面图

要在水体平面图上标明水泵、水下灯等的位置和型号，标明电路管线的走向，以及套管、电缆的型号。同时，还要列出材料用量统计表并绘出指北针。